EXERCICES DE
VALEURS PROPRES
DE MATRICES
avec solutions

CHEZ LE MÊME ÉDITEUR

Collection Mathématiques appliquées pour la maîtrise
Sous la direction de P. G. CIARLET et J. L. LIONS

Mario AHUÉS
Universidad de Chile
Santiago, Chile

Françoise CHATELIN
Université de Paris Dauphine
Centre Scientifique IBM France

EXERCICES DE VALEURS PROPRES DE MATRICES
avec solutions

MASSON Paris Milan Barcelone Mexico 1989

Ouvrage Réalisé avec le Concours des Ministères
de l'Education Nationale et de la Recherche et de la Technologie.
Programme Mobilisateur
« Promotion du Français Langue Scientifique
et Diffusion de la Culture Scientifique et Technique »

La collaboration scientifique entre les auteurs a été possible grâce
aux institutions suivantes :

FONDECYT, Chile, (Projets 84-1125 et 88-0547),
Association de Mathématiciens Appliqués Français et Chiliens,
UNESCO (Projet PNUD CHI 84-004 en Mathématiques),
NAG, Oxford, Grande-Bretagne,
Universidad de Chile,
Université de Paris Dauphine, France,
Université de Saint-Etienne, France,
IBM, Centre Scientifique de Paris, France.

© *Masson, Paris, 1989*

ISBN : 2-225-81793-6

ISSN : 0754 4405

MASSON	120, Bd Saint-Germain, 75280 Paris Cedex 06
MASSON ITALIA EDITORI	Via Statuto 2/4, 201 Milano
MASSON S.A.	Balmes 151, 8008 Barcelona
MASSON EDITORES	Dakota 383, Colonia Napoles, 03810 Mexico DF

Présentation de la collection « Mathématiques appliquées pour la maîtrise »

La Collection *Mathématiques appliquées pour la maîtrise* a pour but de présenter les principales théories mathématiques générales directement orientées vers les applications, de les développer de manière rigoureuse, et d'indiquer explicitement et avec précision la très grande variété de leurs applications.

Des *théories mathématiques générales orientées vers les applications* sont, notamment, les fondements de l'analyse des *équations différentielles et aux dérivées partielles,* linéaires ou non, qui « gouvernent » tellement de situations en Physique, en Mécanique, en Chimie, etc., et jusqu'en Économétrie! Ce sont aussi les outils principaux de l'*Analyse Numérique,* préalables obligés au traitement sur ordinateur : analyse numérique matricielle, méthodes de l'optimisation, méthodes de différences finies ou d'éléments finis pour l'approximation des solutions d'équations aux dérivées partielles; c'est aussi la *Statistique,* dont les applications sont universelles, et où l'ordinateur a apporté, là encore, une impulsion nouvelle considérable; c'est aussi la *Mécanique des Solides* et la *Mécanique des Fluides* dont une connaissance déjà sérieuse est indispensable à tout mathématicien appliqué.

Ces théories générales sont, dans la Collection, développées de manière rigoureuse, par le biais des solutions les plus synthétiques, les plus élégantes et les plus « confirmées »; elle fournissent ainsi tous les outils nécessaires pour aborder la grande majorité des problèmes posés quotidiennement par les applications. Les théories générales présentées dans cette Collection ont d'ailleurs été élaborées pour faire face précisément aux *applications,* c'est-à-dire à des problèmes posés dans des disciplines parfois très éloignées des mathématiques mais néanmoins susceptibles d'être formalisés de façon mathématique.

Ces mêmes théories devraient également servir de point de départ pour l'étude des *nouveaux* problèmes posés par les applications; il est en effet essentiel de savoir que ces nouveaux problèmes, d'importance fondamentale, se présentent sous la forme de questions complètement « ouvertes ». Après le préalable d'une modélisation mathématique souvent déjà imparfaite, la *seule* façon de les aborder réside alors dans un traitement « massif » sur ordinateur, à *l'aide précisément des méthodes et des outils fondamentaux présentés dans cette Collection.*

C'est pourquoi cette Collection, qui s'adresse à tous les étudiants du Deuxième Cycle de Mathématiques dites « appliquées », mais aussi (au moins pour certains de ses volumes) aux étudiants du Deuxième Cycle de Mathématiques dites « pures », de Mécanique, de Physique, aux élèves des Grandes Ecoles d'Ingénieurs, ..., devrait non seulement initier ses lecteurs à des théories rigoureuses et élégantes, tout en leur fournissant un outil déjà utilisable dans de très nombreuses applications, mais aussi, nous l'espérons, leur donner le désir d'aller bien au-delà.

Pour l'accueil compréhensif qu'elle a bien voulu réserver à cette Collection, il nous est particulièrement agréable de remercier la maison Masson, en la personne notamment de M. J. F. Le Grand. Nous tenons également à remercier bien vivement M. A. Warusfel, dont l'activité et le dévouement ont beaucoup contribué à la conception et à l'élaboration de cette Collection.

P. G. CIARLET   J. L. LIONS

Table des matières

Avant-propos

Cet ouvrage contient des énoncés et solutions d'exercices relatifs au cours de **valeurs propres de matrices** de Françoise CHATELIN, paru dans la même collection.

Ces énoncés ont été regroupés en quatre classes qui se distinguent par la lettre figurant entre crochet après le numéro de l'exercice.

La classe **A** contient les exercices dont la solution est fournie à l'Annexe **A**. La plupart de ces exercices sont des compléments de points énoncés dans le volume de cours.

La classe **B** contient les exercices dont la solution se trouve dans la référence bibliographique repérée par son numéro dans la liste donnée à l'Annexe **B**.

La classe **C** contient des exercices de calcul numérique. Bien que la résolution détaillée ne soit pas donnée, dans la plupart des cas la réponse fait partie de l'énoncé.

La classe **D** contient des devoirs, c'est-à-dire, des problèmes à résoudre.

Nous remercions Mme Vicenta MARDONES, Ingénieur-Mathématicienne de l'Université du Chili, pour sa collaboration technique.

Nous remercions aussi Mme Mónica VILLAGRAN qui a assuré la saisie sur micro-ordinateur.

1
Compléments d'algèbre linéaire

1.1 Notations et définitions.

1.1.1 [A] Démontrer que toute base de $\mathbf{C}^n$ admet une base adjointe et que celle-ci est unique. Etudier l'existence et l'unicité de la base adjointe d'une base d'un sous-espace de $\mathbf{C}^n$ de dimension $r < n$.

1.1.2 [B:10] Démontrer que

$$\forall A \in \mathbf{C}^{n \times r} : \qquad \operatorname{Ker} A^* = (\operatorname{Im} A)^\perp, \operatorname{Im} A^* = (\operatorname{Ker} A)^\perp.$$

1.1.3 [D] Démontrer que si $A \in \mathbf{C}^{n \times n}$ est hermitienne définie positive alors

$$(x, y) \in \mathbf{C}^n \times \mathbf{C}^n \mapsto y^* A x \in \mathbf{C}$$

définit un produit scalaire.

1.1.4 [B:24] Démontrer les inégalités suivantes:

$$\|A\|_2 \le (\|A\|_1 \|A\|_\infty)^{1/2} \qquad \forall A \in \mathbf{C}^{m \times n},$$

$$\frac{1}{\sqrt{n}} \|A\|_\infty \le \|A\|_2 \le \sqrt{m} \|A\|_\infty \qquad \forall A \in \mathbf{C}^{m \times n},$$

$$\frac{1}{\sqrt{m}} \|A\|_1 \le \|A\|_2 \le \sqrt{n} \|A\|_1 \qquad \forall A \in \mathbf{C}^{m \times n},$$

$$\|A\|_2 \le \|A\|_F \le \sqrt{\operatorname{rg}(A)} \|A\|_2 \qquad \forall A \in \mathbf{C}^{m \times n},$$

$$\frac{u^* A u}{u^* u} \le \rho(A) \qquad \forall A \in \mathbf{C}^{n \times n} \quad \forall u \in \mathbf{C}^n \setminus \{0\},$$

$$\rho(A) \le \|A\| \qquad \forall A \in \mathbf{C}^{n \times n} \quad \forall \text{ norme induite } \| \ \|.$$

1.1.5 **[B:10,12]** Démontrer que si $A \in \mathbf{C}^{n \times n}$ est hermitienne et son spectre est

$$\mathrm{sp}(A) = \{\lambda_1, ..., \lambda_d\}$$

alors:

i) $\lambda_i \in \mathbf{R}$ $\qquad i = 1, ..., d.$

ii) Les valeurs singulières de A sont

$$\sigma_i = |\lambda_i| \qquad i = 1, ..., d.$$

iii) Il existe une base orthonormale de $\mathbf{C}^n$ constituée de vecteurs propres de A.

iv) $\|A\|_2 = \rho(A).$

1.1.6 **[A]** Démontrer que

$$\forall A \in \mathbf{C}^{n \times r} \qquad \|A\|_2^2 = \rho(A^* A).$$

1.1.7 **[A]** Démontrer que si $Q \in \mathbf{C}^{n \times r}$ est telle que ses colonnes sont orthonormales alors $\|Q\|_2 = 1$.

En déduire que si $Q \in \mathbf{C}^{n \times n}$ est unitaire alors

$$\mathrm{cond}_2(Q) = 1.$$

1.1.8 **[A]** Démontrer que si A est singulière alors A admet une valeur singulière nulle.

1.1.9 **[D]** Démontrer que

i) $P^2 = P \Rightarrow \mathrm{sp}(P) \subseteq \{0, 1\}.$

ii) $\exists k \in \mathbf{N} : D^k = 0 \Rightarrow \rho(D) = 0.$

iii) $Q^* Q = Q Q^* = I$ et $\lambda \in \mathrm{sp}(Q) \Rightarrow |\lambda| = 1.$

iv) $\mathrm{cond}_F \begin{pmatrix} I & Z \\ 0 & I \end{pmatrix} = n + \|Z\|_F^2.$

1.1.10 **[D]** Soit $A \in \mathbf{C}^{n \times n}$ régulière et soient

$$\sigma_1 \geq \sigma_2 \geq ... \geq \sigma_n > 0$$

ses valeurs singulières.

Démontrer que

$$\mathrm{cond}_2 A = \mathrm{cond}_2^{1/2}(A^* A) = \left(\frac{\sigma_1}{\sigma_n}\right)^{1/2},$$

$$\sigma_i = \sup_{\dim V = i} \inf_{x \in V} \left(\frac{x^* A^* A x}{x^* x} \right)^{1/2}.$$

1.1.11 [D] Soient A et B deux matrices carrées de taille n. Démontrer que

$$\sigma_i(A + B) \le \sigma_i(A) + \sigma_i(B) \qquad 1 \le i \le n$$

où $\sigma_1 \le \sigma_2 \le ... \le \sigma_n$ sont les valeurs singulières respectives.

1.1.12 [D] Soit A une matrice hermitienne. Démontrer que si A est définie (resp. semi-définie) positive alors ses valeurs propres sont positives (resp. non négatives)

1.1.13 [D] Soit $C = (c_{ij}) \in \mathbf{R}^{n \times n}$ la matrice définie par

$$c_{ij} = \begin{cases} -a_{i-1} & \text{si } j = n \text{ et } 1 \le i \le n \\ 1 & \text{si } j = i-1 \text{ et } 2 \le i \le n \\ 0 & \text{sinon.} \end{cases}$$

Démontrer que le polynôme caractéristique de C est

$$\pi(\lambda) = \sum_{j=0}^{n-1} a_j \lambda^j + \lambda^n.$$

1.1.14 [D] Donner deux matrices réelles A, B de taille 2 telles que

$$AB = BA \quad \text{et} \quad \rho(AB) < \rho(A)\rho(B).$$

1.1.15 [D] Soient A et B deux matrices carrées de taille n. Démontrer que

$$\text{tr}(AB) \le \sum_{i=1}^{n} \sigma_i(A)\sigma_i(B),$$

où $\sigma_1 \le \sigma_2 \le ... \le \sigma_n$ sont les valeurs singulières.

1.1.16 [D] Démontrer que si A et B sont des matrices carrées $n \times n$ alors

$$\text{tr}(AB) = \text{tr}(BA).$$

En déduire que si A et B sont semblables alors elles ont même trace.

1.1.17 [B:11] Soit $\| \ \|$ la norme dans $\mathbf{C}^{n \times r}$ induite par des normes $\| \ \|_{\mathbf{C}^r}$, dans $\mathbf{C}^r$, et $\| \ \|_{\mathbf{C}^n}$, dans $\mathbf{C}^n$. Démontrer que pour toute $A \in \mathbf{C}^{n \times r}$

$$\|A\| = \inf\{c > 0 : \|Ax\|_{\mathbf{C}^n} \leq c\|x\|_{\mathbf{C}^r} \quad \forall x \in \mathbf{C}^r \ \}.$$

1.1.18 [D] Démontrer que

i) L'ensemble de matrices régulières est dense dans $\mathbf{C}^{n \times n}$.

ii) $\forall A, \ B \in \mathbf{C}^{n \times n} \quad \mathrm{sp}(AB) = \mathrm{sp}(BA)$.

iii) Si les produits AB et BA ont sens et sont carrés, alors

$$\rho(AB) = \rho(BA).$$

1.1.19 [B:12] Démontrer que si $A = (a_{ij}) \in \mathbf{C}^{n \times r}$ alors

$$\|A\|_1 = \max_{1 \leq j \leq r} \sum_{i=1}^{n} |a_{ij}|.$$

1.1.20 [D] Démontrer que dans $\mathbf{C}^{n \times n}$ la formule

$$< X, Y >= \mathrm{tr}(Y^* X)$$

définit un produit scalaire, dont la norme dérivée est celle de Frobenius.
Est-elle une norme induite?
Est-elle sous-multiplicative?

1.2 Angles canoniques entre deux sous-espaces vectoriels.

1.2.1 [A] Soient M et N deux sous-espaces vectoriels de $\mathbf{C}^n$ tels que

$$\dim M = \dim N > \frac{n}{2}.$$

Démontrer que parmi les angles canoniques entre M et N il y en a au plus $[\frac{n}{2}]$ qui sont non nuls, où

$$[\alpha] = \min\{j \in \mathbf{N} \ : \ j \geq \alpha \ \} \quad \forall \alpha \in \mathbf{R}.$$

1.2.2 [A] Soient M et N deux sous-espaces vectoriels de $\mathbf{C}^n$ tels que

$$\dim M = \dim N \leq \frac{n}{2}$$

et soit $\theta_{\max}$ l'angle canonique maximal entre M et N. Démontrer que

$$\theta_{\max} < \frac{\pi}{2} \Rightarrow M \cap N^\perp \text{ est non nul.}$$

1.2.3 [D] Soit $X \in \mathbf{C}^{n \times r}$ une base orthonormale de M et soit $Y \in \mathbf{C}^{n \times r}$ une base orthonormale de N. Soit

$$\frac{\pi}{2} > \theta_1 \geq ... \geq \theta_r \geq 0$$

où

$$\Theta = \operatorname{diag}(\theta_1, ..., \theta_r)$$

est la matrice des angles canoniques entre M et N.
Soit

$$T = YY^* X.$$

Démontrer que T est une base de N et que

$$T \sim \cos\Theta \text{ et } T - X \sim \sin\Theta.$$

1.2.4 [B:8] Soient M et N deux sous-espaces vectoriels de $\mathbf{C}^n$ tels que

$$\dim M = \dim N = r \leq \frac{n}{2}.$$

On définit $x_j \in \mathbf{C}^n$ et $y_j \in \mathbf{C}^n$ pour $j = 1, ..., r$ par les conditions suivantes:

$$|y_1^* x_1| = \max_{\substack{x \in M \\ x^* x = 1}} \max_{\substack{y \in N \\ y^* y = 1}} |y^* x|,$$

$$|y_j^* x_j| = \max_{\substack{x \in M \\ x^* x = 1 \\ x_i^* x = 0 \\ i = 1, ..., j-1}} \max_{\substack{y \in N \\ y^* y = 1 \\ y_i^* y = 0 \\ i = 1, ..., j-1}} |y^* x| \qquad j = 2, ..., r.$$

Soient $\theta_1 \geq \theta_2 \geq ... \geq \theta_r$ les angles canoniques entre M et N. Montrer qu'ils satisfont

$$\cos\theta_{r-i+1} = |y_i^* x_i| \qquad i = 1, ..., r.$$

1.2.5 [D] Soient $\theta_1 \geq ... \geq \theta_r$ les angles canoniques entre deux sous-espaces M et N de dimension r. Montrer que

$$\sin\theta_1 = \max_{\substack{x \in M \\ x^* x = 1}} \min_{y \in N} \|x - y\|_2,$$

$$\sin \theta_r = \min_{\substack{x \in M \\ x^* x = 1}} \min_{y \in N} \|x - y\|_2.$$

1.2.6 **[A]** Soit Θ la matrice diagonale des angles canoniques entre deux sous-espaces M et N de $\mathbf{C}^n$ de dimension $r < \frac{n}{2}$. Soient $C = \cos \Theta$ et $S = \sin \Theta$. Démontrer l'existence de bases orthonormales Q de M, $\underline{Q}$ de $M^\perp$, U de N et $\underline{U}$ de $N^\perp$ telles que

$$[Q\underline{Q}]^* [U\underline{U}] = \begin{pmatrix} C & -S & 0 \\ S & C & 0 \\ 0 & 0 & I_{n-2r} \end{pmatrix}.$$

En déduire comment faire le calcul des angles canoniques lorsque

$$r \geq \frac{n}{2}.$$

1.3 Projections.

1.3.1 **[D]** Soient X, Y deux matrices dans $\mathbf{C}^{n \times r}$ telles que $X^* X = Y^* X = I_r$. Soit $P = XY^*$. Démontrer que

$$\|P\|_p = \|Y\|_p \qquad \text{pour} \quad p = 2, F.$$

1.3.2 **[B:12]** Démontrer que P est une projection orthogonale ssi P est une projection hermitienne.

1.3.3 **[B:35]** Soient P et Q deux projections orthogonales. Démontrer que si P est non nulle alors $\|P\|_2 = 1$. Démontrer que $\|P - Q\|_2 \leq 1$.

1.3.4 **[B:35]** Soient M et N deux sous-espaces vectoriels quelconques de $\mathbf{C}^n$ et P, Q les projections orthogonales sur M et N respectivement. Si $\|(P - Q)P\|_2 < 1$ alors ou bien

i) $\dim M = \dim N$ et $\|(P - Q)P\|_2 = \|(P - Q)Q\|_2 = \|P - Q\|_2$ ou bien

ii) $\dim M < \dim N$, Q applique M sur un sous-espace N_o strictement inclus dans N et, si Q_o est la projection orthogonale sur N_o alors

$$\|(P - Q_o)P\|_2 = \|(P - Q)P\|_2 = \|P - Q_o\|_2 < 1 \quad \text{et}$$

$$\|(P - Q)Q\|_2 = \|P - Q\|_2 = 1.$$

1.4 Ouverture entre deux sous-espaces vectoriels.

1.4.1 **[B:35]** Soient M et N deux sous-espaces quelconques de $\mathbf{C}^n$ et P, Q des projections sur M et N respectivement. Démontrer que

$$\omega(M, N) \leq \max\{\|(P - Q)P\|_2, \|(P - Q)Q\|_2\}.$$

Etudier ce maximum lorsque $\dim M = \dim N$.

1.4.2 **[D]** Soient M et N deux sous-espaces de dimension r de $\mathbf{C}^n$ et

$$\theta_1 \geq \theta_2 \geq ... \geq \theta_r$$

les angles canoniques entre eux. Démontrer que si Π_M et Π_N sont les projections orthogonales sur M et N respectivement alors

$$\|\Pi_M - \Pi_N\|_2 = \sin\theta_1 \quad \text{et} \quad \|\Pi_M - \Pi_N\|_F = \sqrt{2\sum_{i=1}^{r}\sin^2\theta_i}.$$

1.4.3 **[D]** Soient M et N deux sous-espaces de $\mathbf{C}^n$. Démontrer que

$$\omega(M, N) = \omega(M^\perp, N^\perp).$$

En déduire une extension du Théorème 1.4.4 au cas où

$$\dim M = \dim N \geq \frac{n}{2}.$$

1.5 Convergence d'une suite de sous-espaces.

1.5.1 **[B:12]** Soit $\{M_k\}$ une suite de sous-espaces dans $\mathbf{C}^n$. Démontrer que M_k converge vers un sous-espace M de $\mathbf{C}^n$ ssi étant données Y, une base de M, $\bar{Y}$, une base supplémentaire de Y, et X_k une base de M_k, il existe F_k régulière et D_k telles que

$$X_k = YF_k^{-1} + \bar{Y}D_k \quad \text{pour} \quad k \text{ assez grand et } D_kF_k \to 0 \quad \text{si } k \to \infty.$$

1.5.2 **[D]** Démontrer que dans la définition de convergence donnée à l'exercice 1.5.1 si $Y = Q$ et $X_k = Q_k$ sont des bases orthonormales alors on peut choisir F_k unitaire et ayant les mêmes valeurs singulières que

$\cos\Theta_k$ où Θ_k est la diagonale des angles canoniques entre M_k et M. En déduire que

$$M_k \to M \quad \Longleftrightarrow \quad \cos\Theta_k \to I_r.$$

1.6 Réduction des matrices carrées.

1.6.1 **[B:10,12]** Démontrer que des vecteurs propres associés à des valeurs propres différentes sont linéairement indépendants.

1.6.2 **[D]** Soit $A \in \mathbf{R}^{n \times n}$. Démontrer que si $\lambda \in \mathbf{C}$ est une valeur propre de A dont la partie imaginaire n'est pas nulle et si x est un vecteur propre associé alors $\bar{x}$ est un vecteur propre associé à $\bar{\lambda}$ et il est linéairement indépendant de x.

1.6.3 **[D]** Soit λ une valeur propre de A, M et M_* les sous-espaces invariants à droite et à gauche respectivement. Démontrer qu'étant donnée une base orthonormale X de M il existe une base X_* de M_* vérifiant $X_*^* X = I_m$, où m est la multiplicité algébrique de λ.

1.6.4 **[D]** Démontrer qu'une matrice
   i) normale et nilpotente est nulle.
   ii) antihermitienne et normale a son spectre imaginaire.

1.6.5 **[A]** Démontrer que l'ordre des valeurs propres sur la diagonale de la forme triangulaire de Schur détermine la base de Schur correspondante à une matrice bloc-diagonale unitaire près.

1.6.6 **[B:24]** Soit $A = U\Sigma V^*$ la décomposition en valeurs singulières (DVS) de A. Démontrer que U et V sont constituées des vecteurs propres de AA^* et A^*A, respectivement.

1.6.7 **[D]** Soit $\sigma_{\min}$ la plus petite valeur singulière de A. Démontrer que si A est régulière alors

$$\sigma_{\min} = \|A^{-1}\|_2^{-1}.$$

En déduire que $\sigma_{\min}$ est la distance entre A et la matrice singulière la plus proche.

1.6.8 **[D]** Soient $A \in \mathbf{C}^{m \times n}$, $\mathrm{rg}(A) = r$, $D = \mathrm{diag}(\sigma_1,...,\sigma_r)$, où σ_i sont les valeurs singulières (non nulles) de A et U, V les matrices de la DVS:

$$U^* A V = \Sigma = \begin{pmatrix} D & 0 \\ 0 & 0 \end{pmatrix} \in \mathbf{C}^{m \times n}.$$

On définit

$$\Sigma^I = \begin{pmatrix} D^{-1} & 0 \\ 0 & 0 \end{pmatrix} \in \mathbf{C}^{m \times n}$$

$$A^I = V \Sigma^I U^*.$$

Démontrer que

(i) $AA^I A = A$ et $A^I AA^I = A^I$.

(ii) AA^I et $A^I A$ sont hermitiennes.

(iii) Si $r = n$ alors $A^I = (A^* A)^{-1} A^*$.

(iv) $P = AA^I$ est la projection orthogonale sur $\text{Im} A$.

Donner un exemple où $(AB)^I \neq B^I A^I$.

A^I est la *pseudo-inverse* de A (cas particulier d'inverse généralisée) qui est utilisée pour résoudre $Ax = b$ aux *moindres carrés*.

1.6.9 [D] Soit ℓ la taille du plus grand bloc de Jordan associé à une valeur propre λ d'une matrice $A \in \mathbf{C}^{n \times n}$. Démontrer que si $\ell > 1$ alors

$$i \leq \ell \Longrightarrow \text{Ker}(A - \lambda I)^{i-1} \subset \text{Ker}(A - \lambda I)^i \text{ (inclusion stricte).}$$

$$i \geq \ell \Longrightarrow \text{Ker}(A - \lambda I)^i = \text{Ker}(A - \lambda I)^{i+1} = M.$$

où M est le sous-espace invariant maximal de A associé à λ.

1.6.10 [B:12] A partir du Théorème de la Forme de Jordan, établir les résultats suivants

$$\rho(A) = \inf_{k \geq 1} \|A^k\|^{1/k} = \lim_{k \to \infty} \|A^k\|^{1/k},$$

$$\lim_{k \to \infty} A^k = 0 \Longleftrightarrow \rho(A) < 1.$$

1.6.11 [B:62] Soit A une matrice complexe de taille n et ε un réel positif. A partir de ces données construire une norme $\| \ \|$ dans $\mathbf{C}^n$ telle que la norme $\| \ \|$ induite sur $\mathbf{C}^{n \times n}$ soit telle que

$$\|A\| < \rho(A) + \varepsilon.$$

1.6.12 [B:11] Soit $A \in \mathbf{C}^{n \times n}$. On définit formellement

$$e^A = I + \sum_{k=1}^{\infty} \frac{1}{k!} A^k.$$

i) Démontrer que la série converge uniformément.

ii) Démontrer que pour toute matrice régulière $V \in \mathbf{C}^{n \times n}$

$$e^{V^{-1}AV} = V^{-1}e^A V.$$

iii) Comment calculer e^A à partir de la forme de Jordan de A ?

1.6.13 **[B:31]** Démontrer le Théorème de Hamilton-Cayley:
Si π est le polynôme caractéristique de A alors $\pi(A)$ est nul.

1.6.14 **[B:31]** Démontrer qu'une matrice est diagonalisable si et seulement si le produit $(A - \lambda_1 I) \cdot ... \cdot (A - \lambda_d I)$ est nul où $\lambda_1, ..., \lambda_d$ sont les valeurs propres distinctes.

1.6.15 **[B:31]** Soit $A \in \mathbf{C}^{n \times n}$. Notons

$$\pi(t) = \det(tI - A) = t^n + \sum_{j=0}^{n-1} a_j t^j$$

le polynôme caractéristique de A. Démontrer que

$$a_{n-1} = -tr A \quad \text{et} \quad a_0 = (-1)^n \det A.$$

1.6.16 **[A]** Montrer que tout bloc de Jordan J est semblable à J^* :

$$J^* = P^{-1}JP,$$

où P est une matrice de permutation que l'on déterminera.

1.6.17 **[B:10]** Cet exercice fournit une autre démonstration de la forme de Jordan.
Soit $L \in \mathbf{C}^{n \times n}$ une matrice nilpotente d'indice ℓ :

$$L^{\ell-1} \neq 0 \quad \text{et} \quad L^\ell = 0.$$

On définit
$$M_i = \operatorname{Ker} L^i, \quad N_i = \operatorname{Im} L^i \quad \text{et} \quad L^0 = I.$$

i) Démontrer que pour $i = 0, 1, ..., \ell - 1$

$$M_i \subset M_{i+1} \quad \text{(inclusion stricte)}.$$

ii) Démontrer qu'il existe une base de $\mathbf{C}^n$ dans laquelle L est représentée par

$$
J = \begin{pmatrix}
N_1^{(\ell)} & & & & & & 0 \\
& \ddots & & & & & \\
& & N_{(p_\ell)}^{(\ell)} & & & & \\
& & & \ddots & & & \\
& & & & N_1^{(1)} & & \\
& & & & & \ddots & \\
0 & & & & & & N_{p_1}^{(1)}
\end{pmatrix}
$$

où, pour $j = 2, 3, ..., \ell$,

$$
N_1^{(j)} = N_2^{(j)} = ... = N_{p_j}^{(j)} = (x_{\alpha\beta}) \in \mathbf{C}^{j \times j},
$$

$$
x_{\alpha\beta} = \begin{cases} 1 & \text{si } \beta = \alpha + 1 \\ 0 & \text{sinon} \end{cases}
$$

et

$$
N_1^{(1)} = N_2^{(1)} = ... = N_{p_1}^{(1)} = 0
$$

(On convient que si $p_j = 0$ alors les blocs $N_1^{(j)}, ..., N_{p_j}^{(j)}$ ne figurent pas).

Soit $A \in \mathbf{C}^{n \times n}$, une matrice quelconque.

iii) Démontrer que A peut être représentée par une matrice $\begin{pmatrix} A_1 & 0 \\ 0 & B_1 \end{pmatrix}$ où A_1 est nilpotente et B_1 est régulière.

Soit $\text{sp}(A) = \{\lambda_1, ..., \lambda_d\}$ le spectre de A.

iv) Démontrer que A peut être représentée par une matrice bloc-diagonale

$$
\begin{pmatrix}
A_1 & & 0 \\
& \ddots & \\
0 & & A_d
\end{pmatrix}
$$

où $A_i - \lambda_i\, I_{m_i}$ est nilpotente, m_i étant la multiplicité algébrique de λ_i.

v) En déduire l'existence de la forme de Jordan.

1.6.18 [**D**] Démontrer que la forme de Jordan est unique à l'ordre des blocs près.

1.6.19 [**A**] Soit A diagonalisable par X:

$$D = X^{-1}AX$$

et Q une base de Schur:

$$Q^*AQ = D + N$$

où N est triangulaire supérieure stricte.
Démontrer les inégalités

$$\text{cond}_2^2(X) \geq 1 + \frac{\|N\|_F^2}{\|A\|_F^2},$$

$$\text{cond}_2^4(X) \geq 1 + \frac{1}{2}\frac{\nu^2(A)}{\|A^2\|_F^2}$$

où

$$\nu(A) = \|A^*A - AA^*\|_F.$$

1.6.20 [**A**] Soit $A = QRQ^*$ la forme de Schur de A où $R = D + N$ est triangulaire supérieure et où N est la partie strictement supérieure. Etablir les bornes

$$\frac{\nu^2(A)}{6\|A\|_F^2} \leq \|N\|_F^2 \leq \sqrt{\frac{n^3 - n}{12}}\nu(A)$$

où

$$\nu(A) = \|A^*A - AA^*\|_F.$$

1.6.21 [**D**] Démontrer que deux matrices diagonalisables qui ont le même spectre sont semblables. Enoncer un résultat analogue pour les matrices défectives.

1.6.22 [**D**] Soit D une matrice diagonale de taille n et soit X une matrice régulière de taille n. On considère la matrice

$$A = X^{-1}DX.$$

i) Trouver une transformation par similitude Y pour diagonaliser la matrice

$$A' = \begin{pmatrix} 0 & A \\ A & 0 \end{pmatrix} \qquad \text{de taille } 2n.$$

ii) Démontrer que Y diagonalise

$$B = \begin{pmatrix} p(A) & q(A) \\ q(A) & p(A) \end{pmatrix}$$

pour p et q, polynômes quelconques.

iii) Exprimer les valeurs propres de B à l'aide de celles de A.

1.6.23 [**D**] Trouver le lien entre les valeurs singulières d'une matrice X et la factorisation de Schur des matrices

$$X^*X, \ XX^* \text{ et } \begin{pmatrix} 0 & X^* \\ X & 0 \end{pmatrix}.$$

1.7 Décomposition spectrale.

1.7.1 [**D**] Soit $A \in \mathbf{R}^{n \times n}$. Démontrer que si $\lambda = \gamma + i\mu$ est une valeur propre de A et $x = y + iz$ un vecteur propre associé (γ, μ réels, y, z vecteurs dans $\mathbf{R}^n$) alors $\text{lin}(y, z)$ est un sous-espace invariant réel.

1.7.2 [**D**] Soit

$$A = \sum_{j=1}^{d} (\lambda_j P_j + D_j)$$

la décomposition spectrale de A. Démontrer que

$$P_i P_j = \delta_{ij} P_j, \quad D_i P_j = \delta_{ij} D_j,$$
$$D_i D_j = 0 \quad \text{si} \quad i \neq j,$$
$$AP_i = P_i A = P_i A P_i = \lambda_i P_i + D_i,$$
$$D_i = (A - \lambda_i I) P_i.$$

1.7.3 [**D**] Soit $A \in \mathbf{C}^{n \times n}$. Démontrer l'existence d'une base

$$W = (W_1, ..., W_d)$$

de $\mathbf{C}^n$ telle que $W_i^* W_i = I_{m_i}$, et

$$W^{-1}AW = \begin{pmatrix} T_1 & & 0 \\ & \ddots & \\ 0 & & T_d \end{pmatrix}$$

où T_i est triangulaire supérieure de taille m_i et sa diagonale est constituée de la valeur propre λ_i dont la multiplicité algébrique est m_i. Si $\lambda_1, ..., \lambda_d$ sont les valeurs propres distinctes de A, interpréter la matrice $W_i W_i^*$.

1.7.4 [**C**] Donner la décomposition spectrale de la matrice

$$A = \begin{pmatrix} 1 & \alpha & \beta \\ 0 & 1 & 0 \\ 0 & 0 & 2 \end{pmatrix}$$

1.8 Rang et indépendance linéaire.

1.8.1 [**A**] Démontrer la proposition suivante:
Si $\text{rg}(X) = r < m$, où $X \in \mathbf{C}^{n \times m}$ et $m < n$, alors il existe une matrice de permutation Π telle que $X\Pi = QR$ où Q est orthonormale et

$$R = \begin{pmatrix} R_{11} & R_{12} \\ 0 & 0 \end{pmatrix}$$

R_{11} étant triangulaire supérieure régulière d'ordre r.

1.8.2 [**D**] Démontrer que si $X = QR$ avec Q orthonormale alors

$$\text{rg}(X) = \text{rg}(R) \text{ et } \text{cond}_2(X) = \text{cond}_2(R).$$

1.8.3 [**D**] Soit $X = QR$ où Q est orthonormale et

$$R = \begin{pmatrix} R_{11} & R_{12} \\ 0 & R_{22} \end{pmatrix}$$

est triangulaire supérieure. Si R_{11} est d'ordre r et σ_i sont les valeurs singulières de X ordonnées en décroissant alors

$$\sigma_{r+1} \leq \|R_{22}\|_2.$$

1.8.4 [**D**] Soit X une matrice qui a un ε-rang égal à r pour tout $\varepsilon > 0$. Démontrer qu'il existe une matrice $\tilde{X}$ de rang r telle que

$$\|X - \tilde{X}\|_p = \min_{\text{rg}(Y) = r} \|X - Y\|_p \qquad p = 2, F.$$

1.8.5 [**B:39**] On définit l'algorithme suivant, dit de Householder:
Soit $A^{(1)} = A$, une matrice régulière donnée dans $\mathbf{R}^{n \times n}$.

$$(*) \quad \text{Etant donnée } A^{(k)} = \left(a_{ij}^{(k)} \right) :$$

Si $k = n$, FIN.

Si $k < n$ on définit

$$u_j = a_{jk}^{(k)}$$

$$\alpha = (u_k^2 + \ldots + u_n^2)^{1/2}$$

$$v = (u_k + \alpha)e_k + \sum_{j=k+1}^{n} u_j e_j$$

$$H_k = I - \frac{2}{v^T v} v v^T$$

$$A^{(k+1)} = H_k A^{(k)}$$

Faire $k \leftarrow k + 1$, aller à $(*)$.

i) Démontrer que H_k est symétrique et orthogonale.

ii) Démontrer que la matrice H_k et le vecteur u vérifient

$$H_1 u = -\alpha e_1$$

$$H_k u = \sum_{j=1}^{k=1} u_j e_j - \alpha e_k \text{ si } k \geq 2.$$

iii) Démontrer que

$$\omega = \sum_{j=1}^{k-1} \omega_j e_j \quad \Longrightarrow \quad H_k \omega = \omega.$$

Soit

$$R = H_{n-1} H_{n-2} \cdots H_2 H_1 A$$

$$Q = H_1 H_2 \cdots H_{n-2} H_{n-1}.$$

iv) Démontrer que R est triangulaire supérieure et que Q est orthogonale.

v) Démontrer que $A = QR$.

1.8.6 [**D**] Soit $\sigma_{\min}(X)$ la plus petite valeur singulière de X. Démontrer qu'il existe une matrice de permutation Π telle que si $X\Pi = QR$ est la factorisation de Schmidt alors

$$|r_{nn}| \leq \sqrt{n} \sigma_{\min}(X).$$

1.8.7 **[D]** Soit $A \in \mathbf{C}^{n \times p}$ où $n \geq p$.

i) Démontrer qu'il existe une factorisation, dite *décomposition polaire*,

$$A = QH$$

où $Q \in \mathbf{C}^{n \times p}$, $Q^*Q = I_p$ et $H \in \mathbf{C}^{p \times p}$ est symétrique semi-définie positive.

ii) Démontrer que la matrice Q dans i) vérifie

$$\|A - Q\|_j = \min\{\|A - U\|_j : \lim U = \lim A \text{ et } U^*U = I_p\ \} \qquad j = 2, F.$$

iii) Comparer l'utilisation de la décomposition polaire et la factorisation de Schmidt pour orthonormaliser un ensemble de vecteurs linéairement indépendants.

1.9 Matrices Hermitiennes ou Normales.

1.9.1 **[A]** Démontrer que si A est hermitienne et si B est hermitienne semi-définie positive alors

$$\rho(A + B) \geq \rho(A).$$

1.9.2 **[A]** Démontrer le Théorème de Monotonicité de Weyl: Soient A, B, C hermitiennes telles que

$$A = B + C.$$

On considère leurs spectres ordonnés en décroissant. Alors

i) Pour $i = 1, 2, ..., n$

$$\lambda_i(B) + \lambda_n(C) \leq \lambda_i(A) \leq \lambda_i(B) + \lambda_1(C),$$

$$|\lambda_i(A) - \lambda_i(B)| \leq \|A - B\|_2.$$

ii) Si C est semi-définie positive:

$$\lambda_i(B) \leq \lambda_i(A) \qquad i = 1, 2, ..., n.$$

1.9.3 **[A]** Démontrer que $A \in \mathbf{C}^{n \times n}$ est une matrice normale si et seulement si il existe une base orthonormale de $\mathbf{C}^n$ constituée de vecteurs propres de A.

1.9.4 **[A]** Démontrer que si A est normale alors $\|A\|_2 = \rho(A)$.

1.9.5 [**A**] Soit $A \in \mathbf{C}^{n \times n}$ une matrice hermitienne. Démontrer que son spectre peut être caracterisé par

$$\lambda_i(A) = \max_{\dim S = i-1} \min_{u \perp S} \rho(u, A)$$

où

$$\rho(u, A) = \frac{u^* A u}{u^* u}.$$

1.9.6 [**A**] A partir de l'exercice 1.9.2 établir la conséquence suivante: Si A et B sont deux matrices hermitiennes de taille n alors il existe une numérotation des valeurs propres respectives: $\lambda_i(A), \lambda_i(B)$, telle que

$$\lambda_i(B) \leq \lambda_i(A) + \|A - B\|_2 \qquad i = 1, ..., n.$$

1.9.7 [**B:67**] Soit π_j le polynôme caractéristique de la matrice réelle symétrique

$$A_j = \begin{pmatrix} a_{11} & a_{12} & \cdots & a_{1j} \\ a_{12} & \ddots & & \\ \vdots & & \ddots & \vdots \\ a_{1j} & & \cdots & a_{jj} \end{pmatrix} \qquad 1 \leq j \leq n$$

et soit $\pi_0(t) = 1$.

i) Montrer que $\{\pi_0, ..., \pi_n\}$ est une suite *de Sturm*, c'est-à-dire, si r_1 et r_2 sont deux racines de π_{j+1} telles que $r_1 < r_2$ alors il existe une racine de π_j dans $[r_1, r_2]$.

ii) Montrer que si A_n est tridiagonale alors

$$\pi_{j+1}(t) = (t - a_{j+1,j+1}) \pi_j(t) - a_{j+1,j}^2 \pi_{j-1}(t) \qquad j = 1, ..., n-1.$$

1.10 Matrices à termes positifs ou nuls.

1.10.1 [**B:18**] Soit

$$S = \{x \in \mathbf{R}^n : \quad x_i \geq 0 \quad \sum_{i=1}^{n} x_i = 1\}.$$

On définit

$$T(x) = \frac{1}{\rho(x)} A x$$

où A est une matrice non négative irréductible, et ρ une fonction continue et sans racines dans S telle que $T(S) \subseteq S$. Utiliser le Théorème du Point Fixe de Brouwer pour démontrer le Théorème de Perron-Frobenius.

1.10.2 **[B:18]** Soit A une matrice réelle non négative. Démontrer que

i) S'il existe $x > 0$ tel que $Ax \leq \lambda x$ alors $\lambda \geq \rho(A)$.

ii) $(\lambda I - A)^{-1}$ est non négative si et seulement si $\lambda > \rho(A)$.

1.10.3 **[B:18]** Soit A une matrice non négative irréductible. Démontrer que s'il existe m valeurs propres μ_j de A telles que

$$|\mu_j| = \rho$$

alors $\mu_j = \omega_j \rho$ avec $\omega_j = e^{2ij\pi/m}$ et $i^2 = -1$.

1.11 Compression et quotient de Rayleigh.

1.11.1 **[D]** Démontrer que si M est un sous-espace invariant par A alors la compression de Rayleigh de A sur M peut s'identifier à la restriction $A_{|M}$.

1.11.2 **[D]** Soient $X, Y \in \mathbf{C}^{n \times r}$ telles que $\mathrm{rg}(X) = r$ et $Y^*X = I_r$.
Donner une formule pour la matrice qui représente la compression de Rayleigh d'une application linéaire A sur le sous-espace $\mathrm{lin}X$.

1.12 Equation de Sylvester.

1.12.1 **[D]** Soit $P \in \mathbf{C}^{n \times n}$ et $Q \in \mathbf{C}^{m \times m}$ deux matrices régulières. Soit $A \in \mathbf{C}^{n \times n}$ et $B \in \mathbf{C}^{m \times m}$ deux matrices telles que $\mathrm{sp}(A) \cap \mathrm{sp}(B) = \emptyset$. Soient

$$\mathbf{R} = (A, B)^{-1} \quad \text{et} \quad \mathbf{S} = (PAP^{-1}, QBQ^{-1})^{-1}.$$

Montrer que

$$\|\mathbf{S}\|^{-1} \leq \|\mathbf{R}\|^{-1} \mathrm{cond}(P)\mathrm{cond}(Q).$$

Etablir un résultat plus fort lorsque P et Q sont unitaires et que $\| \ \|$ est la norme induite par $\| \ \|_2$ ou par $\| \ \|_F$.

1.12.2 **[D]** Soit $\mathbf{T} : Z \mapsto AZ - ZB$ régulier avec A régulière. Démontrer que si $\beta \geq 0$ et $\delta > 0$ sont tels que $\|B\| \leq \beta$ et $\|A^{-1}\| \leq (\beta + \delta)^{-1}$ alors

$$\|\mathbf{T}^{-1}\| \leq \delta^{-1}.$$

Supposons maintenant que A et B sont hermitiennes, définies positives et telles que $\forall x \in \mathbf{C}^n$

$$x^* x = 1 \Rightarrow x^* A x \geq \beta + \delta > \beta > x^* B x.$$

Montrer que $\qquad \|\mathbf{T}^{-1}\| \leq \delta^{-1}.$

1.12.3 [B:26] Etudier le spectre et déterminer le rayon spectral de l'opérateur

$$\mathbf{T} : X \mapsto AXB$$

en fonction des spectres et des rayons spectraux de A et de B.

1.12.4 [D] Soient

$$\mathcal{T} = I_r \otimes A - B^T \otimes I_n \,,$$

$$\mathcal{T}' = I_r \otimes A - T^T \otimes I_n$$

où r est la taille de B, n est celle de A et T est une forme de Schur de B :

$$T = Q^* B Q.$$

i) Démontrer que $\mathcal{T}$ et $\mathcal{T}'$ sont semblables:

$$\mathcal{T}' = (Q \otimes I_n) \mathcal{T} (Q^* \otimes I_n).$$

ii) Démontrer que

$$\mathrm{sp}(\mathcal{T}) = \mathrm{sp}(\mathcal{T}') = \{\lambda - \mu : \; \lambda \in \mathrm{sp}(A), \; \mu \in \mathrm{sp}(B) \,\}.$$

1.12.5 [B:26] Démontrer les propriétés suivantes du produit de Kronecker:
i) Lorsque les sommes sont définies:

$$A \otimes (B + C) = A \otimes B + A \otimes C,$$

$$(A + B) \otimes C = A \otimes C + B \otimes C.$$

ii) $\forall \alpha \in \mathbf{C} \qquad A \otimes (\alpha B) = \alpha(A \otimes B).$
iii) Lorsque les produits sont définis:

$$(A \otimes B)(C \otimes D) = (AC) \otimes (BD).$$

iv) $A \otimes (B \otimes C) = (A \otimes B) \otimes C.$
v) $(A \otimes B)^* = A^* \otimes B^*.$

vi) Lorsque les inverses existent:

$$(A \otimes B)(A^{-1} \otimes B^{-1}) = I_m \otimes I_n$$

où m est la taille de A et n, celle de B.

vii) Si $\lambda(A)$ (resp. $\lambda(B)$) est une valeur propre de A (resp. de B) et $\phi(A)$ (resp. $\phi(B)$) un vecteur propre associé, alors $\lambda(A)\lambda(B)$ est une valeur propre de $A \otimes B$ et $\phi(A) \otimes \phi(B)$ est un vecteur propre associé.

1.12.6 [**B:17**] Soit $V = (V_0, V_1)$ une base orthonormale de $\mathbf{C}^n$, $P = V_0 V_0^*$ la projection orthogonale sur $M = \operatorname{lin}V_0$, Q une projection orthogonale sur un sous-espace N tel que $\dim N = \dim M$. Une solution unitaire $U \in \mathbf{C}^{n \times n}$ de l'équation

$$UP - QU = 0$$

sera dite une *rotation directe* de M sur N ssi U est représentée dans la base V par

$$\tilde{U} = \begin{pmatrix} C_0 & -S_1 \\ S_0 & C_1 \end{pmatrix}$$

où
i) $C_0 \geq 0$ et $C_1 \geq 0$.
ii) $S_1 = S_0^*$.
Démontrer que si $N' = \operatorname{Im}(I - Q)$ et $M' = \operatorname{Im}(I - P)$ vérifient

$$M \cap N' = M' \cap N = \{0\}$$

alors la rotation directe de M sur N existe, est unique et i) implique ii).

1.13 Faisceaux réguliers de matrices.

1.13.1 [**D**] Soient A et B deux matrices dans $\mathbf{C}^{n \times n}$ telles que

$$\operatorname{Ker}A \cap \operatorname{Ker}B \neq \{0\}$$

. Démontrer que $\forall \lambda \in \mathbf{C} \qquad \det(A - \lambda B) = 0$.

1.13.2 [**D**] Soient A et B deux matrices symétriques dans $\mathbf{R}^{n \times n}$ telles que A est régulière et B est semi-définie positive singulière. Soit U une base orthonormale de $\operatorname{Ker}B$. Démontrer que

i) 0 est une valeur propre de $A^{-1}B$ de multiplicité algébrique

$$m = \dim \operatorname{Ker} B + \dim \operatorname{Ker} U^T A U$$

et de multiplicité géométrique

$$g = \dim \operatorname{Ker} B.$$

ii) Les valeurs propres non nulles de $A^{-1}B$ sont réelles et non défectives: il existe une diagonale réelle Λ telle que

$$AX = BX\Lambda \quad \text{et} \quad X^T BX = I$$

pour une certaine matrice orthogonale X.

iii) $A^{-1}B$ est non défective ssi $U^T A U$ est régulière.

1.13.3 [B:44] Soient A et B deux matrices symétriques. Démontrer que le faisceau $A - \lambda B$ est défini ssi il existe α, β réels tels que la matrice $\alpha A + \beta B$ soit définie. Et que ceci équivaut à $U^T A U$ définie, où U est une base orthonormale de $\operatorname{Ker} B$.

1.13.4 [B:44] Démontrer que toute matrice diagonalisable C admet une factorisation

$$C = AB^{-1}$$

où A et B sont symétriques et B est régulière. Commenter.

2
Eléments
de théorie spectrale

2.1 Rappels sur les propriétés des fonctions de la variable complexe.

2.1.1 [**B:41**] Soient Ω un ouvert dans $\mathbf{C}$, $f : \Omega \to \mathbf{C}$, $p : \mathbf{R}^2 \to \mathbf{R}$, $q : \mathbf{R}^2 \to \mathbf{R}$ et $g : \mathbf{R}^2 \to \mathbf{R}$ tels que

$$f(z) = p(x,y) + iq(x,y) = g(x,y) \qquad \forall z = x + iy \in \Omega.$$

Démontrer que f est holomorphe dans Ω ssi g est différentiable dans Ω et satisfait aux conditions de Cauchy Riemann:

$$\frac{\partial p}{\partial x} = \frac{\partial q}{\partial y} \quad \text{et} \quad \frac{\partial p}{\partial y} = -\frac{\partial q}{\partial x} \quad \text{dans} \quad \Omega.$$

En déduire que p et q vérifient l'équation sur Ω :

$$\frac{\partial^2 u}{\partial x^2} + \frac{\partial^2 u}{\partial y^2} = 0.$$

2.1.2 [**D**] Soit Ω un ouvert dans $\mathbf{C}$. Démontrer que

$$z \in \Omega \mapsto A(z) = (a_{ij}(z)) \in \mathbf{C}^{n \times m}$$

est analytique ssi les mn fonctions $z \in \Omega \mapsto a_{ij}(z)$ le sont.

2.2 Singularités de la résolvante.

2.2.1 [**B:44**] Démontrer que la résolvante $R(z)$ vérifie

$$\frac{d}{dz} R(z) = -R(z)^2$$

et plus généralement

$$\frac{d^k}{dz^k} R(z) = k!(-1)^k R(z)^{k+1} \qquad k = 1, 2, \dots$$

2.2.2 [B:63] Montrer directement que $z \mapsto \rho(R(z))$ est une fonction semi-continue-supérieurement sur l'ensemble résolvant.

2.2.3 [A] Soit $A \in \mathbf{C}^{n \times n}$, M le sous-espace invariant associé à une valeur propre λ de A, X une base de M, X_* une base du complément orthogonal M_* du supplémentaire invariant $\bar{M}$ ($M_* = \bar{M}^\perp$, $M \oplus \bar{M} = \mathbf{C}^n$) telle que $X_*^* X = I$. Démontrer que

$$XX_*^* = -\frac{1}{2\pi i} \int_\Gamma R(z) dz$$

où Γ est une courbe de Jordan tracée dans re(A), isolant λ.

2.2.4 [B:35] Soit P la projection spectrale associée à une valeur propre λ. Démontrer que

$$\lim_{z \to \lambda} R(z)(I - P) = S,$$

la résolvante réduite associée à λ.

2.2.5 [D] Soit $f : \mathbf{C} \to \mathbf{C}$ une fonction holomorphe. Pour une matrice carrée A on définit $f(A)$ par la formule de Cauchy. Démontrer que pour toute matrice régulière V

$$f(V^{-1}AV) = V^{-1}f(A)V.$$

2.2.6 [B:11] Etudier des conditions suffisantes sur des matrices A et B pour que

$$e^{A+B} = e^A e^B.$$

2.2.7 [D] Soit A une matrice carrée. Soit $\lambda \in \mathrm{sp}(A)$ et P la projection spectrale associée. Démontrer que si $0 \notin \mathrm{sp}(A)$ alors A^{-1} existe, λ^{-1} est une valeur propre de A^{-1} et P est la projection spectrale de A^{-1} associée à λ^{-1}.

2.2.8 [B:38] On considère l'équation de Sylvester

(1) $$AX + XB = C.$$

i) Démontrer que si les valeurs propres de A et de B ont des parties réelles négatives alors l'unique solution de l'équation (1) est donnée par

$$X = -\int_0^\infty e^{At} C e^{Bt} dt.$$

Soit a un nombre réel non nul dans $\text{re}(A) \cap \text{re}(B)$. On définit

$$f(z) = (z + a)(z - a)^{-1},$$

$$U = f(A), \quad V = f(B),$$

$$D = -\frac{1}{2a}(U - I)C(V - I).$$

ii) Démontrer que X est solution de (1) si et seulement si X est solution de l'équation

(2) $X - UXV = D.$

iii) Démontrer que si les valeurs propres de A et de B ont des parties réelles négatives alors
$$\rho(U) < 1 \quad \text{et} \quad \rho(V) < 1.$$

iv) Démontrer que si $\rho(U)\rho(V) < 1$ alors la solution de (2) admet le développement en série

$$X = \sum_{n=0}^\infty U^{n-1} D V^{n-1}.$$

2.3 Résolvante réduite, inverse partiel.

2.3.1 [A] Adapter la factorisation de Gauss ou de Schmidt pour résoudre

$$\begin{pmatrix} A - \lambda I \\ X_* \end{pmatrix} Z = \begin{pmatrix} b \\ 0 \end{pmatrix}$$

où λ est une valeur propre de A et X_* une base du complément orthogonal du supplémentaire invariant associé au sous-espace invariant relatif à λ.

2.3.2 [A] Soient $\underline{B}$ et $\bar{B}$ les matrices des paragraphes 2.3.1 et 2.3.2 (pages 63 et 64 Volume de Cours). Démontrer qu'elles ont la même forme de Jordan et sont donc semblables.

2.3.3 [**A**] Démontrer le Lemme 2.3.5 (page 65 Volume de Cours).

2.3.4 [**D**] Soit A une matrice carrée. Soient $\lambda \in \mathrm{sp}(A)$; P la projection spectrale associée et $S(A, \lambda)$ la résolvante réduite associée. Calculer $S(A^{-1}, \lambda^{-1})$ en fonction de $S(A, \lambda)$ de deux façons différentes:

i) Par la formule

$$S(A^{-1}, \lambda^{-1}) = \lim_{z \to \lambda^{-1}} R(A^{-1}, z)(I - P).$$

ii) Par la formule

$$S(A^{-1}, \lambda^{-1}) = \frac{1}{2\pi i} \int_{\Gamma} R(A^{-1}, z) \frac{dz}{z - \lambda^{-1}}$$

où Γ est une courbe de Jordan fermée isolant λ^{-1} du reste du spectre de A^{-1}.

2.3.5 [**C**] Soit

$$A = \begin{pmatrix} 22 & 4 \\ -21 & 53 \end{pmatrix}.$$

i) Vérifier que $\lambda = 25$ est une valeur propre de A.
ii) Calculer la résolvante réduite S associée à λ.
iii) Calculer l'inverse partiel $\Sigma^{\perp}$ associé à λ et à la projection orthogonale sur le sous-espace invariant.
iv) Comparer $\|S\|_2$ et $\|\Sigma^{\perp}\|_2$.

2.3.6 [**A**] Soit $\lambda \in \mathrm{sp}(A)$. Soient M le sous-espace invariant maximal associé à λ, Π une projection quelconque sur M, $\Pi^{\perp}$ la projection orthogonale sur M et $\Sigma(\Pi)$ l'inverse partiel associé à λ et à la projection Π. Démontrer que

$$\|\Sigma(\Pi^{\perp})\|_j = \min_{\Pi} \|\Sigma(\Pi)\|_j \quad j = 2, F.$$

2.4 Résolvante réduite par bloc.

2.4.1 [**B:23**] Résoudre

$$(I - P)AZ - ZB = R$$

à l'aide de la forme de Schur de B et de la forme de Hessenberg de $(I - P)A$.

2.4.2 **[D]** Résoudre

$$(I - P)AZ - ZB = R$$

par Gauss en se ramenant à r systèmes de $n+r$ équations, à r inconnues, de rang n et de matrices

$$\hat{A}_i = \begin{pmatrix} A - \mu_i I \\ X_*^* \end{pmatrix} \qquad i = 1, ..., r$$

où P est la projection spectrale associée au bloc de valeurs propres $\{\mu_i\}_{i=1}^r$.

2.4.3 **[A]** Etudier la différence entre les opérateurs résolvante réduite par bloc **S** et résolvante réduite S associés à une même valeur propre double lorsqu'elle est défective.

2.5 Perturbation linéaire de la matrice A.

2.5.1 **[D]** Etudier l'analyticité de la solution de

$$AX - XB(t) = C$$

lorsque

$$B(t) = B + tH \quad \|H\|_2 = 1 \quad t \in \mathbf{C}$$

au voisinage de $t = 0$.

2.6 Analyticité de la résolvante.

2.6.1 **[A]** Etudier la convergence de l'itération (2.6.3) définie à l'exemple 2.6.1 (page 71 Volume de Cours).

2.6.2 **[D]** Adapter l'algorithme (2.6.3) (page 71 Volume de Cours) au cas d'une matrice presque triangulaire et au cas d'une matrice presque diagonale.

2.6.3 **[B:2]** Proposer un algorithme fondé sur l'exercice 2.5.1 pour la résolution de

$$AX - XB = C$$

lorsque B est presque triangulaire.

2.6.4 [C] Résoudre le système

$$\begin{pmatrix} -1 & 1/25 \\ 5 & 1 \end{pmatrix} \begin{pmatrix} x \\ y \end{pmatrix} = \begin{pmatrix} 1 \\ 1 \end{pmatrix}$$

par itérations successives à partir de $\begin{pmatrix} -1 \\ 1 \end{pmatrix}$, solution de

$$\begin{pmatrix} -1 & 0 \\ 0 & 1 \end{pmatrix} \begin{pmatrix} x \\ y \end{pmatrix} = \begin{pmatrix} 1 \\ 1 \end{pmatrix}.$$

2.7 Analyticité de la projection spectrale.

2.7.1 [B:35] Donner un exemple qui montre que la démonstration de Kato pour le développement de $P(t)$, la projection spectrale de la matrice perturbée $A(t) = A' - tH$, ne s'étend pas au cas où la courbe de Jordan Γ définissant $P(t)$, entoure plusieurs valeurs propres distinctes de la matrice $A(0) = A'$.

2.8 Développements en série de Rellich-Kato.

2.8.1 [D] Ecrire les développements de Rellich-Kato pour une valeur propre simple et pour une valeur propre semi-simple.

2.9 Développements en série de Rayleigh-Schrödinger.

2.9.1 [B:12] On considère deux vecteurs x, y dans $\mathbf{C}^n$ tels que

$$y^* x = x^* x = 1.$$

Soit $Q = xy^*$. On suppose que ξ est une valeur propre simple de la matrice

$$\tilde{A} = \xi Q + (I - Q) A (I - Q).$$

i) Démontrer que

$$B : [(I - Q)(A - \xi I)]_{|\{y\}^\perp} : \{y\}^\perp \to \{y\}^\perp$$

est régulière.
On définit

$$\Sigma = (I - Q) B^{-1} (I - Q).$$

Soit $\| \ \|$ une norme induite de matrices, $\sigma = \|\Sigma\|$ et

$$g(r) = \frac{1 - \sqrt{1 - 4r}}{2r},$$
$$u = Ax - \xi x,$$
$$v = A^* y - \bar{\xi} y.$$

Supposons qu'il existe $a \geq \sigma$ et $\tilde{\epsilon}$ tels que

$$(*) \qquad |v^* \Sigma^k u| \leq a^k \|Q\| \tilde{\epsilon} \quad \forall k \geq 1.$$

On définit

$$\tilde{r} = a^2 \|Q\| \tilde{\epsilon}.$$

ii) Démontrer que si $\tilde{r} < 1/4$ alors il existe une valeur propre simple λ de A telle que

$$|\lambda - \xi| \leq g(\tilde{r})|v^* \Sigma u|$$

laquelle est la seule valeur propre de A dans le disque

$$|z - \xi| \leq \frac{1}{2a}.$$

Si P est la projection spectrale de A associée à λ et $y^* P x \neq 0$, démontrer qu'il existe un vecteur propre ϕ de A associé à λ, normalisé par $y^* \phi = 1$ et tel que

$$\|\phi - x\| \leq g(\tilde{r}) \|\Sigma u\|.$$

2.9.2 [D] Vérifier que dans le cas d'une valeur propre simple on peut faire coïncider les développements de Rellich-Kato et de Rayleigh-Schrödinger et qu'il en est de même dans le cas d'une valeur propre semi-simple.

2.9.3 [D] Dans la démonstration de la Proposition 2.9.1. (page 74 Volume de Cours) on calcule Z_k puis C_k. Proposer une façon de calculer d'abord C_k puis Z_k.

2.9.4 [D] Vérifier l'identité

$$\Pi(t) = P(t) X' S(t) Y^*$$

en utilisant la série de Rellich-Kato de $P(t)$ et $S(t)$ et celle de Rayleigh-Schrödinger de $\Pi(t) = X(t) Y^*$.

2.10 Equation non-linéaire et méthode de Newton.

2.10.1 **[A]** Soit $F'(x)$ la dérivée de Fréchet au point x d'un opérateur F, Fréchet-derivable dans un voisinage V d'un zéro x^*. Supposons que

$(H1)$ $F'(x^*)$ est régulier,

$(H2)$ $x \mapsto F'(x)$ est uniformément continu sur V.

Démontrer qu'il existe $\rho > 0$ tel que pour tout x_0 vérifiant $\|x^* - x_0\| < \rho$ la suite

$$x_{k+1} = x_k - F'(x_k)^{-1} F(x_k) \qquad k \geq 0$$

vérifie $\|x^* - x_k\| < \rho$ et converge de façon superlinéaire vers x^*.

2.10.2 **[A]** Avec la même notation qu'à l'exercice 2.10.1, nous supposons maintenant que

$(H1)$ $F'(x^*)$ est régulier,

$(H3)$ $\exists p,\ \ell$ tels que dans un voisinage V de x^*, $\quad x \mapsto F'(x)$ vérifie

$$\|F'(x) - F'(y)\| \leq \ell \|x - y\|^p.$$

i) Démontrer qu'il existe $\rho > 0$ tel que pour tout x_0 vérifiant $\|x^* - x_0\| < \rho$ la suite

$$x_{k+1} = x_k - F'(x_k)^{-1} F(x_k) \qquad k \geq 0$$

vérifie $\|x_k - x^*\| < \rho$ et

$$\sup_{k \geq 0} \frac{\|x_{k+1} - x^*\|}{\|x_k - x^*\|^{1+p}} = c < +\infty.$$

ii) En déduire la convergence quadratique de la méthode de Newton lorsque la dérivée est lipschitzienne dans un voisinage de la racine recherchée.

2.10.3 **[D]** Ecrire la méthode (2.10.4) (page 78 Volume de Cours) en prenant comme variable l'écart

$$V^k = X^k - X^0.$$

2.10.4 **[B:47]** On considère l'équation

$$F(x) = 0$$

dans un espace de dimension finie $(B, \| \ \|)$, sous les hypothèses suivantes:

Il existe $x_0 \in B$, $\ell > 0$, $r > 0$, $m > 0$, et $c > 0$ tels que

(H1) ℓ est une constante de Lipschitz de l'opérateur

$$F' : \Omega_r(x_0) \to \mathcal{L}(B)$$

où

$$\Omega_r(x_0) = \{x \in B \ : \ \|x - x_0\| < r \}$$

et $\mathcal{L}(B)$ est l'espace des opérateurs linéaires de B dans lui même,

(H2) $F'(x_0)$ est régulier,

(H3) $\|F'(x_0)^{-1}\| \leq m$ et $\|F'(x_0)^{-1}F(x_0)\| \leq c$,

(H4) $m\ell c < 0.5$,

(H5) m, ℓ et c vérifient

$$r \geq \frac{1}{m\ell}(1 - \sqrt{1 - 2m\ell c}).$$

On définit les constantes

$$\rho = \frac{1 - \sqrt{1 - 2m\ell c}}{m\ell},$$

$$\gamma = \frac{1 - m\ell c - \sqrt{1 - 2m\ell c}}{m\ell c},$$

$$\nu = \frac{2\sqrt{1 - 2m\ell c}}{m\ell}.$$

Démontrer que

i) $\exists x^* \in \{x \in B \ : \ \|x - x_0\| \leq \rho \}$ tel que $F(x^*) = 0$.

ii) $0 < \gamma < 1$.

iii) La suite de Newton vérifie $\|x_k - x_0\| < \rho$ et

$$\|x_k - x^*\| \leq \nu \frac{\gamma^{2^k}}{1 - \gamma^{2^k}}.$$

2.10.5 [B:19] On considère l'équation (2.10.1) (page 77 Volume de Cours):

$$AX - X(Y^*AX) = 0$$

où Y est de rang complet égal m. On fait un changement de base de façon à ce que la matrice Y soit représentée par $Y' = [I_m \ 0]^T$.

i) Démontrer que dans cette base l'inconnue X est représentée par

$X' = \begin{pmatrix} I_m \\ R \end{pmatrix}$ puisqu'elle vérifie la condition $Y^*X = I_m$.

Soit

$$A' = \begin{pmatrix} A'_{11} & A'_{12} \\ A'_{21} & A'_{22} \end{pmatrix}$$

la représentation de A dans la nouvelle base.

ii) Montrer que R vérifie l'équation dite *de Riccati*

$$A'_{22}R - RA'_{11} - RA'_{12}R = -A'_{21}.$$

2.10.6 [**B:19**] Soit l'équation de Riccati (exercice 2.10.5):

$$AR - RB = RCR - D.$$

On considère la méthode itérative

$$R_0 = 0,$$
$$AR_{k+1} - R_{k+1}B = R_k C R_k - D \qquad k \geq 0.$$

Soit σ la plus petite valeur singulière de l'opérateur $R \mapsto AR - RB$ et soit

$$\kappa = \frac{\|C\|_F \|D\|_F}{\sigma}.$$

i) Montrer que si $\kappa < 1/4$ alors la méthode proposée converge linéairement vers une solution R qui est la seule solution dans la boule fermée de centre 0 et rayon

$$\rho = \frac{1 - \sqrt{1 - 4\kappa}}{2\kappa}.$$

ii) Montrer que si $\kappa < 1/12$ alors la méthode de Newton appliquée sur l'équation de Riccati converge de façon quadratique vers sa solution unique dans la boule fermée définie précédemment.

2.11 Méthodes modifiées.

2.11.1 [**D**] Soit $(x, \lambda) \in \mathbf{C}^n \times \mathbf{C}$ l'unique solution de

$$F(x, \lambda) = \begin{pmatrix} (A - \lambda I)x \\ x^* x - 1 \end{pmatrix} = \begin{pmatrix} 0 \\ 0 \end{pmatrix}$$

où λ est une valeur propre simple de A.

i) Ecrire la méthode de Newton appliquée à ce problème.

ii) Proposer une méthode simplifiée à pente fixe.

iii) Etudier la convergence de ces méthodes.

2.11.2 [A] Donner des conditions suffisantes de convergence pour la méthode (2.11.3) (page 81 Volume de Cours).

2.11.3 [D] Donner des conditions suffisantes de convergence pour la méthode (2.11.4) (page 82 Volume de Cours). On établira la constante de contraction de

$$\hat{\mathbf{G}} : V \mapsto V_1 + \hat{\mathbf{J}}^{-1}[VY^*AY + V(\tilde{B} - \hat{B})],$$

de manière semblable à l'exercice 2.11.2, pour $\|\tilde{B} - \hat{B}\|$ et $\|R\|$ assez petits.

2.11.4 [A] Soit F un opérateur et x^* un point de son domaine tel que

$$F(x^*) = 0.$$

Supposons que F soit différentiable dans un voisinage de x^* et que T soit un opérateur linéaire régulier tel que

$$\gamma = \sup_{\|x - x^*\| < \rho} \|T - F'(x)\| < \|T^{-1}\|^{-1}$$

où $\|\ \|$ est une norme de vecteurs et aussi la norme induite correspondante pour les opérateurs linéaires et $\rho > 0$ un nombre réel donné. Démontrer que: Si $\|x_0 - x^*\| < \rho$ alors la suite

$$x_{k+1} = x_k - T^{-1}F(x_k)$$

converge vers x^* de façon linéaire.

2.11.5 [D] Soit λ une valeur propre simple d'une matrice A et u un vecteur propre de A associé à λ et normalisé par $e_n^* u = 1$. On considère le problème

$$F(u, \lambda) = \begin{pmatrix} (A - \lambda I)u \\ e_n^* u - 1 \end{pmatrix} = \begin{pmatrix} 0 \\ 0 \end{pmatrix}.$$

i) Montrer que, par permutation, la différentielle de Fréchet de F en (u, λ) peut s'écrire

$$J = \begin{pmatrix} & & a_{1n} \\ B(\lambda, u) & & \vdots \\ & & a_{nn} - \lambda \\ 0 & & 1 \end{pmatrix}$$

où $B(\lambda, u)$ désigne la matrice obtenue en remplaçant la dernière colonne de $A - \lambda I$ par $-u$.

ii) Montrer que $B(\lambda, u)$ est singulière si la valeur propre λ est de multiplicité ≥ 2.

iii) Appliquer la méthode de Newton à pente fixe à

$$F(u, \lambda) = \begin{pmatrix} 0 \\ 0 \end{pmatrix}.$$

iv) Etendre les résultats précedents au cas d'une valeur double, en prenant l'opérateur

$$F(U, B) = \begin{pmatrix} AU - UB \\ E^*U - I_2 \end{pmatrix}$$

où $E = (e_{n-1}, e_n)$, et $B = \begin{pmatrix} a & b \\ c & d \end{pmatrix}$.

2.11.6 [**A**] On considère l'équation

$$F(x) = 0$$

comme dans l'exercice 2.10.4. Maintenant on retient les hypothèses (H1), (H2) et (H3) de celui-ci et l'on rajoute

(H4) $m\ell c < 0.25$,

(H5) Les constantes m, ℓ et c vérifient

$$r \geq \frac{1}{2m\ell c}(1 - \sqrt{1 - 4m\ell c}).$$

On définit les nombres

$$\rho = \frac{1 - \sqrt{1 - 4m\ell c}}{2m\ell c},$$

$$\gamma = \frac{1 - \sqrt{1 - 4m\ell c}}{2}.$$

Démontrer que

i) $\exists x^* \in \{x \in B \; : \; \|x - x_0\| \leq \rho\}$ tel que

$$F(x^*) = 0.$$

ii) $0 < \gamma < 0.5$.

iii) La suite de Newton à Pente Fixe définie par

$$x_{k+1} = x_k - F'(x_0)^{-1}F(x_k)$$

vérifie

$$\|x_k - x_0\| < \rho,$$

$$\|x_k - x^*\| \le c \frac{\gamma^k}{1 - \gamma}.$$

2.11.7   [**D**] Comparer les itérés de Rayleigh-Schrödinger pour $t = 1$ et ceux définis par (2.11.1) (page 79 Volume de Cours) avec la base de départ U. Commenter.

2.12   Inverse approché local et méthode de correction du résidu.

2.12.1   [**D**] Soit λ une valeur propre simple d'une matrice A et y un vecteur non-orthogonal au sous-espace propre associé à λ.
Proposer une méthode de correction du résidu pour la résolution de

$$Ax - xy^* Ax = 0$$

lorsque A est presque diagonale.

2.12.2   [**A**] Soit le système $Ax = b$ où A est régulière. Soit B une matrice régulière telle que

$$\mathrm{cond}_2(BA) << \mathrm{cond}_2(A).$$

On considère, à la place du système proposé, le système équivalent préconditionné

$$BAx = Bb.$$

Interpréter ce préconditionnement comme un inverse approché.

2.12.3   [**A**] Renseignez-vous sur la *Méthode Multigrille*. Interpréter cette méthode grâce à la notion d'inverse approché.

3
Pourquoi calculer des valeurs propres ?

3.1 Equations différentielles et équations de récurrence.

3.1.1 [A] Soit le système différentiel linéaire de premier ordre

$$u(0) = u_0, \quad \frac{du}{dt} = Au, \quad t > 0$$

où u est un vecteur de $\mathbf{R}^n$ dérivable par rapport à t et où A est une matrice constante de taille n. Soit J la forme de Jordan de A et V la base correspondante. Montrer que

$$u(t) = V e^{Jt} V^{-1} u_0$$

et préciser les éléments de e^{Jt}. Analyser, en particulier, le cas où A est diagonalisable.

3.1.2 [C] Faire le calcul de $u(t)$ lorsque les données de l'exercice 3.1.1 sont

$$A = \begin{pmatrix} 0 & 1 & 2 \\ 0 & 0 & 1 \\ 0 & 0 & 0 \end{pmatrix} \quad \text{et} \quad u_0 = \begin{pmatrix} 1 \\ 1 \\ 1 \end{pmatrix}.$$

3.1.3 [D] Montrer que la solution du système différentiel proposé à l'exercice 3.1.1 peut être bornée ou non bornée selon que les valeurs propres de A dont la partie réelle est nulle sont semi-simples ou non.

3.1.4 [D] On considère l'équation de la chaleur en dimension d'espace égale à 1

$$\frac{\partial u}{\partial t} = \frac{\partial^2 u}{\partial x^2} \quad 0 < x < 1 \ , \quad t > 0$$

avec les conditions aux limites

$$u(t,0) = 0 \qquad t > 0$$
$$u(t,1) = 0 \qquad t > 0$$

et la condition initiale

$$u(0,x) = f(x) \qquad 0 \le x \le 1.$$

i) Ecrire le problème auquel on aboutit lorsque l'on discrétise la dérivée seconde par différences finies:

$$\frac{\partial^2 u(t,x)}{\partial x^2} \approx \frac{u(t,x-h) - 2u(t,x) + u(t,x+h)}{h^2}.$$

ii) Mettre la discrétisation sous la forme

$$\frac{d\phi}{dt} + A\phi = 0$$
$$\phi(0) = \phi_0$$

où

$$\phi(t) = \begin{pmatrix} u_1(t) \\ \vdots \\ u_N(t) \end{pmatrix}$$

$u_i(t)$ étant une valeur approchée de $u(t,ih)$.

On note $t_j = j\Delta t$ pour $j = 0, 1, 2, \ldots$ et u_k^j une valeur approchée de $u_k(j\Delta t)$.

On intègre en temps sur $[t_j, t_{j+1}]$ et l'on note

$$\bar{u}_k^j = \frac{1}{\Delta t} \int_{t_j}^{t_{j+1}} u_k(t)dt.$$

iii) Reécrire le système.

On utilise la règle des trapèzes pour calculer approximativement les intégrales:

$$\frac{1}{d-c} \int_c^d h(t)dt \approx \frac{1}{2}(h(c) + h(d)) \qquad (c < d).$$

iv) Montrer qu'alors le système s'écrit

$$(A + \frac{2}{\Delta t}I)u^{j+1} = (-A + \frac{2}{\Delta t}I)u^j$$

où

$$u^j = \begin{pmatrix} u^j_1 \\ \vdots \\ u^j_N \end{pmatrix}.$$

v) Sachant que les valeurs propres de A sont

$$\lambda_k = \frac{4}{h^2} \sin^2 \frac{\pi h k}{2} \qquad k = 1, 2, ..., N$$

montrer que la suite u^j est bornée pour h et Δt suffisamment petits.

3.1.5 [B:39] On discrétise

$$-\left(\frac{\partial^2 u}{\partial x^2} + \frac{\partial^2 u}{\partial y^2}\right) = f \qquad \text{sur} \quad \Omega =]0,1[^2,$$

$$u|_\Gamma = 0$$

où Γ est la frontière de Ω, par différences finies en utilisant un pas $h = \frac{1}{N}$ en x et en y.

i) Montrer que le système auquel on aboutit est

$$-\frac{1}{h^2}(u_{i-1,j} + u_{i+1,j} + u_{i,j-1} + u_{i,j+1} - 4u_{ij}) = f_{ij} \quad 0 < i, j < N$$

$$u_{ij} = 0 \qquad \text{si } i, j = 0, N$$

où u_{ij} sont des approximations de $u(ih, jh)$ et $f_{ij} = f(ih, jh)$.

ii) Ecrire le système sous une forme matricielle

$$A_h u = b$$

dont la matrice est bloc-tridiagonale à blocs inversibles.

iii) Montrer que la méthode de Jacobi appliquée à ce système est convergente pour h assez petit en sachant que les valeurs propres de A_h sont données par

$$\lambda_{pq} = \frac{4}{h^2}\left(\cos^2 \frac{ph}{2} + \cos^2 \frac{qh}{2}\right).$$

3.1.6 [D] Soit J un bloc de Jordan. Devélopper les coefficients de J^k, pour $k = 1, 2, ...$

3.1.7 [D] Soit A une matrice réelle symétrique définie positive. On considère le système

$$\frac{d^2 u}{dt^2} = Au \qquad t > 0.$$

Soit $X = (x_1, ..., x_n)$ une base de vecteurs propres de A. Etudier l'existence d'une solution de la forme

$$u(t) = \sum_{j=1}^{n} \alpha_j e^{i\omega_j t} x_j \qquad (i^2 = -1).$$

3.1.8 [D] La réaction chimique

$$2H_2 + O_2 \to 2H_2O$$

se décompose en réactions élémentaires faisant intervenir les radicaux O, OH et H :

$$O + H_2 \to OH + H$$
$$OH + H_2 \to H_2O + H$$
$$H + O_2 \to OH + O.$$

A l'étape k, x_k, y_k et z_k représentent le nombre de radicaux O, OH et H respectivement, de façon à ce que

$$x_{k+1} = z_k$$
$$y_{k+1} = x_k + z_k$$
$$z_{k+1} = x_k + y_k$$

avec

$$x_0 = 1, \quad y_0 = z_0 = 0.$$

Si l'on pose

$$u_k = \begin{pmatrix} x_k \\ y_k \\ z_k \end{pmatrix}, \qquad u_0 = \begin{pmatrix} 1 \\ 0 \\ 0 \end{pmatrix}$$

alors on a

$$u_{k+1} = Au_k$$

pour une matrice A que l'on déterminera.
En analysant le spectre de A, déduire la limite

$$u_\infty = \lim_{k \to \infty} u_k.$$

3.1.9 [D] Etudier la discrétisation par différences finies du problème de valeurs propres

$$-\frac{d^2 u(x)}{dx^2} = \lambda u(x) \qquad 0 < x < 1,$$

$$u(0) = 0,$$
$$u(1) = 0.$$

On calculera les solutions exactes et l'on comparera ces résultats à ceux fournis par une discrétisation à 5 points (matrice associée d'ordre 3).

3.1.10 [B:12] Soit T un opérateur linéaire borné défini dans un espace de Hilbert $(H, < \cdot, \cdot >)$. Soit

$$V = (v_1, ..., v_n)$$

un système orthonormal dans H et

$$S = \text{lin} V$$

le sous-espace engendré par V. On notera π la projection orthogonale sur S. On considère le problème de valeurs propres

$$T\phi = \lambda\phi, \qquad 0 \neq \phi \in H, \qquad \lambda \in \mathbf{C}$$

et l'approximation, dite de Galerkin, associée au sous-espace S :

$$\pi(T\phi_n - \lambda_n \phi_n) = 0, \qquad 0 \neq \phi_n \in S, \quad \lambda_n \in \mathbf{C}.$$

Montrer que le problème approché est équivalent à un problème matriciel de taille n :

$$Au = \omega u \qquad 0 \neq u \in \mathbf{C}^n, \qquad \omega \in \mathbf{C}$$

où l'on déterminera la matrice A et le lien entre $u \in \mathbf{C}$ et $\phi_n \in S$.

3.2 Chaînes de Markov.

3.2.1 [B:36] Soit P la matrice de transition d'une chaîne de Markov homogène.

i) Démontrer que toute valeur propre complexe de P a un module ≤ 1.

ii) Démontrer que pour toute valeur propre de module égal à 1, c'est-à-dire, pour toute valeur propre $\lambda = e^{i\theta}$ ($\theta \in \mathbf{R}$) il existe un entier q tel que $e^{iq\theta} = 1$.

iii) Démontrer que si tous les coefficients de P sont positifs alors 1 est une valeur propre simple de P et toutes les autres valeurs propres de P ont des modules < 1.

3.2.2 [B:13] On considère une chaîne de Markov discrète à n états. Soit

$$P = (P_{ij})$$

la matrice de transition associée. On suppose que la chaîne est irréductible et non périodique: les équations de Kolmogoroff

$$\pi_i = \sum_{j=1}^{n} \pi_j P_{ji} \qquad 1 \le i \le n,$$

$$\sum_{i=1}^{n} \pi_i = 1$$

admettent une solution unique π^*. L'itération de Jacobi s'écrit

$$\pi_i^{(k+1)} = \sum_{j=1}^{n} \pi_j^{(k)} P_{ji}.$$

i) Montrer que l'itération de Jacobi correspond à la méthode de la puissance appliquée sur P^T avec la condition de normalisation

$$\pi^{(k)} e = 1$$

où

$$e = \sum_{j=1}^{n} e_j,$$

les e_j étant les vecteurs canoniques de $\mathbf{R}^n$.

Soit $\{\Omega(i) : i = 1, ..., p\}$ une partition de l'ensemble $\{1, 2, ..., n\}$. A chaque état $\bar{\pi}$ de la chaîne tel que $\bar{\pi}_i > 0$ $i = 1, ..., n$ on associe une matrice $P^a(\bar{\pi})$ (dite matrice agrégée) définie par

$$P_{ji}^a = \frac{\displaystyle\sum_{k \in \Omega(i)} \sum_{\ell \in \Omega(j)} \bar{\pi}_\ell P_{\ell k}}{\displaystyle\sum_{\ell \in \Omega(j)} \bar{\pi}_\ell} \qquad 1 \le i, j \le p.$$

ii) Montrer que $P^a(\bar{\pi})$ est une matrice de transition.

Soit π^a définie par

$$\pi^a = \pi^a P^a,$$

$$\pi^a e = 1$$

et

$$\tilde{\pi} = \sum_{j=1}^{p} \frac{\pi_j^a}{\displaystyle\sum_{\ell \in \Omega(j)} \bar{\pi}_\ell} G_j \bar{\pi}$$

où

$$G_j = \sum_{k \in \Omega(j)} e_k e_k^T.$$

iii) Montrer que $\tilde{\pi} e = 1$.

Le nouvel état de chaîne est défini par une itération de Jacobi:

$$\hat{\pi} = \tilde{\pi} P.$$

iv) Montrer que

$$\hat{\pi}_k = \sum_{j=1}^{p} \frac{\pi_j^a}{\sum_{\ell \in \Omega(j)} \bar{\pi}_\ell} \sum_{\ell \in \Omega(j)} \bar{\pi}_\ell P_{\ell k} \qquad 1 \le k \le n.$$

3.2.3 [**D**] On garde les notations de l'exercice 3.2.2. Soit une chaîne de Markov presque complètement réductible:

$$P = D + E$$

où

$$D = \mathrm{diag}(D_1, D_2, ..., D_p),$$
$$\|E\|_2 = \varepsilon.$$

D_i est la matrice de transition associée à une chaîne irréductible non périodique dont l'état stationnaire est noté $\bar{\pi}_i$ et vérifie

$$\bar{\pi}_i e = 1$$

Soit $\bar{\pi}$ le vecteur de blocs $\bar{\pi}_i$. On considère un pas de la méthode d'agrégation-désagrégation fondée sur $\bar{\pi}$:

$$P_{ji}^a = \sum_{k \in \Omega(i)} \sum_{\ell \in \Omega(j)} \bar{\pi}_\ell P_{\ell k} \qquad 1 \le i, j \le p,$$

$$\tilde{\pi} = \sum_{j=1}^{p} \pi_j^a G_j \bar{\pi},$$

$$\tilde{\pi} e = 1$$

où

$$\pi^a = \pi^a P^a,$$
$$\pi^a e = 1.$$

Montrer que

$$\|\tilde{\pi} - \pi^*\|_2 = O(\varepsilon).$$

3.2.4 [C] Un message doit aller d'un point A à un point B en passant par n
points intermédiaires. On suppose que le message peut prendre seulement deux formes: ou 0 ou 1. Chacun des intermédiaires a une probabilité $p = 1/4$ de transmettre correctement l'information qu'il a reçu
et une probabilité $q = 3/4$ de transmettre le message inverse.
On dira que le système est dans l'état $E(0)$ à l'étape k si l'intermédiaire
k transmet 0 à l'intermédiaire suivant et qu'il est dans l'état $E(1)$ s'il
transmet 1.

 i) Démontrer que la suite d'états observés est une chaîne de Markov.

 ii) Calculer la matrice de transition.

 iii) Calculer la probabilité de recevoir en B un message correct et la limite
 de cette probabilité lorsque n, le nombre d'intermédiaires, tend vers
 l'infini.

3.3 Théorie économique.

3.3.1 [B:37] Soit $A = (a_{ij})$ la matrice des coefficients techniques. Soient d_j
les nombres permettant de passer d'une unité physique à une autre ou
bien à une unité monétaire, c'est-à-dire, permettant de redéfinir A en
valeur. Soit $\tilde{A}$ la nouvelle matrice ainsi obtenue. Démontrer que

$$\tilde{A} = D^{-1}AD$$

où

$$D = \mathrm{diag}(d_1, \cdots, d_n).$$

3.3.2 [B:37] Soit $\tilde{A}$ la matrice des coefficients techniques définie en valeur.
Supposons qu'il existe un système de prix q rendant chaque branche
de l'économie rentable. Montrer qu'alors

$$\rho(\tilde{A}) < 1$$

et donc $\rho(A) < 1$ où A est la matrice des coefficients techniques définie
en n'importe quel système d'unités.

3.3.3 [B:37] Supposons que le nombre de travailleurs dans la branche j
de l'économie diminue, ainsi faisant augmenter l'intensité du travail
dans cette branche. Démontrer qu'alors le taux de profit et le taux de
croissance augmentent.

3.3.4 [**B:37**] Dans le modèle de Marx-Von Neumann le salaire est indexé sur les prix:

$$w = pd$$

où d est le panier de biens de consommation des travailleurs. Supposons que d varie de Δd.

i) Montrer que l'augmentation de la consommation des travailleurs équivaut à une augmentation des coûts salariaux.

ii) Montrer qu'une augmentation des coûts salariaux implique une diminution des taux de profit et de croissance.

3.3.5 [**B:7**] Nous présentons ici le modèle dit de Leontiev fermé. L'ensemble des biens est supposé égal à l'ensemble des produits. La matrice A des coefficients techniques est une matrice carrée non négative. Si x est le vecteur de produits et y celui des biens alors

$$y = Ax.$$

Le système est viable si $y \leq x$ et l'équilibre des quantités est donné par

$$(I - A)x = 0 \qquad x \geq 0.$$

i) Déterminer une condition suffisante d'équilibre lorsque la matrice A est irréductible.

Soit p le vecteur ligne des prix des biens. Le vecteur ligne de coûts de fabrication des biens est donc

$$c = pA.$$

L'équilibre des prix est alors

$$p(I - A) = 0 \qquad p \geq 0.$$

ii) Démontrer que lorsque A est irréductible, l'équilibre des prix équivaut à l'équilibre des quantités.

3.3.6 [**B:37**] Nous présentons maintenant le modèle de Leontiev ouvert. Nous avons n biens qui sont aussi des produits mais il existe un bien qui n'est pas un produit (en général, le travail). La matrice A des coefficients techniques est non négative et irréductible. Le produit net est donné par

$$q = (I - A)x.$$

i) Etant donné un vecteur de demandes $c \geq 0$ déterminer une condition suffisante pour l'existence d'un vecteur $x \geq 0$ tel que

$$q = c.$$

ii) Démontrer que s'il existe un vecteur ligne $p > 0$ tel que

$$pA > p$$

alors $(I - A)^{-1}$ existe et elle est positive.

iii) Etudier et interpréter la suite

$$x^{(k+1)} = Ax^{(k)},$$
$$x^{(0)} = c$$

lorsque la valeur propre dominante λ^* de A est telle que $0 < \lambda^* < 1$.

3.3.7 **[B:37]** Dans le modèle de la croissance de Von Neumann, la production est définie par deux matrices:

$$A = \text{ matrice des coefficients des biens,}$$
$$B = \text{ matrice des coefficients des produits.}$$

où l'on suppose l'existence de m techniques de production et n biens.

Dans une période donnée on considère un vecteur colonne x des niveaux d'activité des techniques ($x \in \mathbf{R}^m$) et un vecteur ligne p des prix des biens ($p \in \mathbf{R}^n$). Si α est le taux de croissance et β le taux d'interêt alors

$$(B - \alpha A)x \geq 0 \qquad x \geq 0,$$
$$p(B - \beta A) \leq 0 \qquad p \geq 0.$$

i) Montrer que le surplus a un prix nul et que si le profit est inférieur au taux d'interêt alors le niveau d'activité est nul.

ii) Montrer que si la technologie (B, A) est à matrice non négative irréductible alors il existe $\alpha^* = \beta^* > 0$ unique tel que

$$\alpha^* Ax \leq Bx \qquad x > 0,$$
$$\beta^* pA \geq pB \qquad p > 0$$

et que

$$p(\alpha^* A - B)x = 0.$$

iii) Que peut-on dire du taux maximum de croissance par rapport au taux minimum d'interêt?

3.3.8 [C] On traite ici le cas d'un fermier dont l'économie se réduit à l'élévage des poules.

On dispose de deux biens: (poules, oeufs) et de deux processus: (pondre, couver).

On admettra qu'une poule pondeuse pond douze oeufs par mois en tant qu'une poule couvense couve quatre oeufs par mois.

i) Montrer que les matrices A et B de l'exercice 3.3.7 sont ici

$$A = \begin{pmatrix} 1 & 1 \\ 0 & 4 \end{pmatrix} \quad \text{et} \quad B = \begin{pmatrix} 1 & 5 \\ 12 & 0 \end{pmatrix}.$$

ii) Etudier la situation du fermier au bout de deux mois lorsqu'il part de trois poules et huit oeufs.

iii) Même question en partant de deux poules et quatre oeufs.

iv Calculer le taux de croissance lorsque l'économie est en équilibre.

v) Etudier l'équilibre des prix si une poule vaut 10 unités et un oeuf vaut 1 unité.

vi) Même question si le prix d'une poule est de 6 unités et celui d'un oeuf est de 1 unité et calculer le taux d'interêt.

3.3.9 [B:37] On considère le modèle de Marx-Von Neumann (page 91 Volume de Cours). Nous formalisons ici le processus de formation des prix absolus, donc, la propagation de l'inflation. Etant donnés deux vecteurs $x = (x_1, ..., x_n)$, $y = (y_1, ..., y_n)$ on définit le vecteur

$$z = (z_1, ..., z_n) = \max\{x, y\}$$

par

$$z_i = \max\{x_i, y_i\} \qquad i = 1, ..., n.$$

Soit s le taux de marge et

$$\lambda = \frac{1}{1+s}.$$

On définit la suite p_k de vecteurs lignes par

$$p_{k+1} = \max\{p_k, \frac{1}{\lambda} p_k B\},$$
$$p_0 = (p_0^{(1)}, ..., p_0^{(n)}) \geq 0.$$

Ceci formalise l'effet dit "de cliquet", soit la rigidité à la baisse des prix.

i) Démontrer que si B est irréductible et si $p = (p^{(1)}, ..., p^{(n)}) > 0$ est le système de prix alors p_k converge vers αp pour

$$\lambda = \rho = \frac{1}{1+r}$$

et

$$\alpha = \max_{1 \leq i \leq n} \frac{p_0^{(i)}}{p^{(i)}}.$$

ii) Démontrer qu'étant donné λ, la suite

$$p_{k+1}(\lambda) = \max\{p_k(\lambda), \frac{1}{\lambda} p_k(\lambda)B\}$$

converge si $\lambda \geq \rho$ et diverge si $\lambda < \rho$ auquel cas les prix relatifs convergent vers p et les prix absolus croissent au taux ρ/λ.

3.3.10 [D] On considère l'oscillateur de Samuelson: Soient r_k, le revenu national au cours de l'année k; c_k, la consommation nationale au cours de l'année k; d_k, la dépense nationale au cours de l'année k et i_k, l'investissement national au cours de l'année k.

Soient s la propension marginale à consommer et v le rapport de l'investissement à l'accroissement de consommation, alors $\gamma = vs$ est le coefficient d'accélération:

$$i_k = \gamma(r_{k-1} - r_{k-2}).$$

On a en outre les relations

$$r_k = c_k + i_k + d_k$$

qui correspond au plan de consommation et d'investissement et

$$c_k = sr_{k-1}$$

qui est le retard d'un an entre l'évolution de la consommation et du revenu (à minimum vital nul).

i) En prenant $d_k = 1 \quad \forall k$, montrer que le revenu national vérifie

$$r_{k+2} - s(1+v)r_{k+1} + svr_k = 1.$$

ii) Etudier la solution de cette équation selon les valeurs de (s, v). Il convient de considérer les quatre régions déterminées dans le plan (s, v) par les courbes

$$s = \frac{1}{v} \quad \text{et} \quad s = \frac{4v}{(1+v)^2}.$$

3.3.11 [C] On considère une économie divisée en N régions. On va étudier les déplacements interrégionaux de la main d'oeuvre immigrée. La repartition de celle-ci à la période k $(0 \le k \le T)$ est donnée par un vecteur ligne

$$x_k = (x_{k1}, ..., x_{kN})$$

où x_{kj} est l'effectif de la population de travailleurs immigrés dans la région j dans la période k. On supposera que les travailleurs changent de localisation librement selon leurs goûts et selon la situation des différents marchés du travail. Soit $A_k = (a_{ij}^{(k)})$ la matrice dite "de passage", où $a_{ij}^{(k)}$ est le taux de passage des travailleurs de la région i à la région j dans la période k.

i) Montrer que
$$x_{k+1} = x_0 A_0 A_1 \cdots A_k.$$

ii) Supposons que $N = 3$ et que

$$A_k = A = \begin{pmatrix} 3/4 & 1/2 & 0 \\ 0 & 2/3 & 1/3 \\ 1/4 & 1/4 & 1/2 \end{pmatrix}.$$

Calculer la matrice représentant le taux de passage d'une région à l'autre au bout de T périodes.

iii) Etudier le comportement de la matrice calculée dans la partie ii) lorsque $T \to \infty$.

3.4 Méthodes factorielles en analyse des données.

3.4.1 [B:15] Soient X, A, B, U, V, W, Z, et E les matrices définies dans le Lemme 3.4.1 (page 93, Volume de Cours). On ordonne les valeurs propres de U, W ou V, Z (d'ordre respectivement k ou n) en décroissant:

$$\lambda_1 \ge \lambda_2 \ge \cdots \ge \lambda_r > \lambda_{r+1} = \lambda_{r+2} = \cdots \lambda_k = \lambda_n = 0.$$

i) Montrer que les vecteurs propres associés, u_i, w_i, et v_i, z_i vérifient

$$u_i = B^{-1/2} w_i,$$
$$v_i = A^{-1/2} z_i.$$

ii) Montrer que la DVS (exercice 1.6.8) de E est

$$E = \sum_{i=1}^{r} \sqrt{\lambda_i}\, z_i w_i^T.$$

3.4.2 [B:15] On garde les notations de l'exercice 3.4.1. On définit

$$\rho(f,g) = \frac{|f^T X g|}{[(f^T B^{-1} f)(g^T A^{-1} g)]^{1/2}}.$$

Montrer que

$$f_i = B u_i,$$
$$g_i = A v_i$$

vérifient

$$\rho(f_i, g_i) = \max_{\substack{u_j^T f = v_j^T g = 0 \\ 1 \le j < i}} \rho(f,g) \quad 1 \le i \le r.$$

3.4.3 [B:15] On garde les notations de l'exercice 3.4.1.
Soient $s \in \mathbf{R}^{k \times N}$ et $T \in \mathbf{R}^{n \times N}$ (où $\max\{k, n\} \le N$) tels que

$$X = S T^T, \quad A^{-1} = T T^T, \quad B^{-1} = S S^T.$$

Soit θ_i le ième angle canonique entre les sous-espaces $\lim S^T$ et $\lim T^T$ dans $\mathbf{R}^N$. Montrer que

$$\sqrt{\lambda_i} = \cos \theta_i \qquad i = 1, ..., k.$$

3.4.4 [B:15] Dans la méthode d'analyse des correspondances la matrice X de taille $k \times n$ représente une table de contingence:

$$x_{ij} \ge 0 \text{ et } \sum_{ij} x_{ij} = 1$$

x_{ij} représente, par exemple, la fréquence empirique des deux variables discrètes I et J qui prennent leurs valeurs dans $\{1, 2, \cdots k\}$ et $\{1, 2, \cdots, n\}$ respectivement. On définit

$$a_j = \sum_{i=1}^{k} x_{ij} \quad > 0,$$
$$b_i = \sum_{j=1}^{n} x_{ij} > 0,$$
$$A = \text{diag}(a_j^{-1}),$$
$$B = \text{diag}(b_i^{-1}).$$

i) Montrer que $\lambda_1 = 1$ est la valeur propre dominante de la matrice

$$U = XAX^T B$$

associée au triplet (X, A, B).

Soient

$$a = (a_1, \cdots, a_n)^T,$$
$$b = (b_1, \cdots, b_k)^T,$$
$$X_0 = X - ba^T,$$
$$U_0 = X_0 A X_0^T B.$$

ii) Montrer que

$$\mathrm{sp}(U_0) = \mathrm{sp}(U) \backslash \{1\}.$$

iii) Montrer que U_0 est aussi associé au triplet $(X_0 A, A^{-1}, B)$.

3.4.5 [**B:15**] On reprend l'exercice 3.4.4 mais on considère que x_{ij} représente la probabilité de l'événement $\{I = i$ et $J = j\}$ où I, J sont deux variables aléatoires discrètes. Supposons que les vecteurs f et g de l'exercice 3.4.2 représentent les fonctions correspondantes

$$f : \{1, ..., k\} \to \mathbf{R},$$
$$g : \{1, ..., n\} \to \mathbf{R}.$$

Associées aux variables I et J on aura les fonctions $f(I)$ et $g(J)$.

Etablir

$$f^T X g = \mathcal{E}(f(I)g(J)),$$
$$f^T B^{-1} f = \mathcal{E}(f(I)^2),$$
$$g^T A^{-1} g = \mathcal{E}(g(I)^2),$$

$\mathcal{E}$ étant l'espérance mathématique. Réinterpréter le résultat de l'exercice 3.4.2.

3.4.6 [**B:15**] Dans l'analyse en composantes principales on considère un vecteur aléatoire $S \in \mathbf{R}^n$ de moyenne 0. On définit

$$X = \mathcal{E}(SS^T),$$
$$A = B = I,$$
$$U = V = X^2,$$
$$f^T X f = \mathcal{E}(f^T SS^T f) = \sigma^2 f^T S.$$

Montrer que la méthode détermine $U_i^T S$, la combinaison linéaire des composantes de S qui a la plus grande variance et qui est non corrélée avec $U_j^T S$ pour $j < i$. A-t-on necéssairement $\lambda_i \in [0,1]$ dans cette situation?

3.4.7 **[B:15]** On considère la méthode d'analyse discriminante. On garde les notations des exercices 3.4.1 et 3.4.2. Soit S un vecteur aléatoire dans $\mathbf{R}^k$; J une variable aléatoire entière et $\pi(j) = \text{Prob}(J = j)$. On définit

$$X_j = \mathcal{E}(S|J = j)\pi(j) \qquad 1 \le j \le n,$$
$$X = (X_1, ..., X_n),$$
$$A^{-1} = \text{diag}(\pi(j)),$$
$$B^{-1} = \mathcal{E}(SS^T).$$

i) Montrer que
$$f^T Xg = \mathcal{E}(f^T Sg(J)),$$
$$f^T B^{-1}f = \sigma^2 f^T S,$$
$$g^T A^{-1}g = \mathcal{E}(g^2(J)).$$

ii) Montrer que $\text{sp}(U) \subseteq [0,1]$.

3.4.8 **[A]** Soient A, B, X, W, Z, U, V et E les matrices de l'exercice 3.4.1. Soient R_A, R_B des matrices triangulaires supérieures telles que

$$A = R_A^T R_A,$$
$$B = R_B^T R_B.$$

On définit
$$\hat{E} = R_A X^T R_B^T,$$
$$\hat{W} = \hat{E}^T \hat{E}.$$

i) Montrer que W et $\hat{W}$ sont semblables.

ii) Montrer que les vecteurs propres u de U et v de V peuvent être calculés à partir des vecteurs propres $\hat{w}$ de $\hat{W}$.

3.5 Dynamique des structures.

3.5.1 **[D]** Soit une barre verticale de longueur 1 fixée à son extrémité inférieure. A l'autre extrémité (zéro de l'axe x) un dispositif interdit les déplacements perpendiculaires à l'axe de la barre. On applique en cette extrémité une force P dirigée vers le bas à cause de laquelle la barre se déforme. Appelons $u(x)$ le déplacement du point situé à l'abscisse x, perpendiculairement à l'axe de la barre. En supposant que les déplacements restent petits, u est solution de

$$\frac{d}{dx}\left(a(x)\frac{d}{dx}u(x)\right) + Pu(x) = 0$$

où $a(x)$ dépend des caractéristiques physiques de la barre. D'après les conditions de fixation de la barre on a

$$u(0) = u(1) = 0.$$

i) Démontrer que si $a(x) \equiv 1$ ce problème différentiel n'admet une solution non triviale que pour

$$P \in \{(\pi k)^2 : k = 1, 2, 3, \ldots\}$$

et que pour $P = P_k = (\pi k)^2$ la solution est toute fonction linéairement dépendante de

$$u_k(x) = \sin \pi k x \qquad 0 \leq x \leq 1.$$

Supposons la fonction $x \mapsto a(x)$ non constante.

On peut chercher une solution approchée en discrétisant la barre par $n + 1$ segments de longueur $h = \frac{1}{n+1}$. On notera u_i l'approximation de $u(ih)$ et $a_{i+1/2} = a((i+1/2)h)$.

Le problème discrétisé s'écrit

$$\frac{1}{h^2}\left(a_{i+1/2}(u_{i+1} - u_i) - a_{i-1/2}(u_i - u_{i-1})\right) + Pu_i = 0,$$

$$u_0 = u_n = 0.$$

ii) Montrer que cette discrétisation équivaut à un problème matriciel

$$Au = \lambda u$$

avec une matrice A que l'on déterminera.

3.5.2 [B:66] Les extrémités inférieures des deux barres de la figure 1 sont munies de ressorts tels que la position en absence de forces est une même ligne verticale. Une force verticale F vers le bas s'applique à l'extrémité supérieure de la seconde barre ce qui fait apparaître les angles θ_1 et θ_2. Les deux barres ont longueur ℓ et masse m et les deux ressorts ont pour constante caractéristique k.

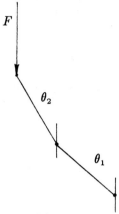

$$\text{Figure 1}$$

i) Montrer que si l'on néglige la force gravitationnelle alors les énergies cinétique K et potentielle V sont données par

$$K = \frac{1}{6}m\ell^2[4\dot{\theta}_1^2 + 3\dot{\theta}_1\dot{\theta}_2\cos(\theta_1 - \theta_2) + \dot{\theta}_2^2],$$

$$V = \frac{1}{2}k\theta_1^2 + \frac{1}{2}k(\theta_2 - \theta_1)^2 - F\ell(2 - \cos\theta_1 - \cos\theta_2).$$

ii) Ecrire dans ce cas les équations de Lagrange

$$\frac{d}{dt}\left(\frac{\partial K}{\partial\dot{\theta}_i}\right) - \frac{\partial K}{\partial\theta_i} + \frac{\partial V}{\partial\theta_i} = 0 \qquad i = 1,2.$$

On étudiera la solution correspondant aux conditions initiales perturbées:
$$\theta_i(0) = \varepsilon\alpha_i \quad \dot{\theta}_i(0) = \varepsilon\beta_i \qquad i = 1,2.$$

Supposons l'existence d'une solution $\theta_i(t,\varepsilon)$ différentiable par rapport à ε en $\varepsilon = 0$. On note
$$\varphi_i(t) = \frac{\partial\theta_i(t,0)}{\partial\varepsilon}.$$

iii) Montrer que φ_i vérifie

$$\sum_{j=1}^{2}\left(\frac{\partial^2 K(0,0)}{\partial\dot{\theta}_i\partial\dot{\theta}_j}\ddot{\varphi}_j + \frac{\partial^2 V(0)}{\partial\theta_i\partial\theta_j}\varphi_j\right) = 0 \qquad i = 1,2.$$

iv) Ecrire le système différentiel précédent sous forme matricielle

$$B\ddot{\varphi} + A\varphi = 0$$

et montrer que A et B sont symétriques et que B est définie positive.

v) Montrer que si $\varphi(t) = v(t)\psi$ où ψ est un vecteur constant alors

$$A\psi = \lambda B\psi,$$
$$\ddot{v}(t) = \lambda v(t) = 0.$$

vi) Montrer que si $F > 0$ et $k > 0$ alors les racines du polynôme

$$p(A) = \det(A - \lambda B)$$

sont réelles et distinctes.

3.5.3 [**B:66**] Généraliser le problème 3.5.2 au cas de n barres. Dans ce cas les énergies cinétique et potentielle (en négligeant la gravité) sont

$$K = \frac{m\ell^2}{12} \sum_{i,j=1}^{n} (6n + 3 - 6\max\{i,j\} - \delta_{ij})\dot{\theta}_i\dot{\theta}_j \cos(\theta_i - \theta_j),$$

$$V = \frac{k}{2}\{\theta_1^2 + \sum_{j=2}^{n}(\theta_j - \theta_{j-1})^2\} - F\ell(n - \sum_{j=1}^{n}\cos\theta_j).$$

3.5.4 [**B:66**] On considère un solide élastique. Si les équations d'élasticité sont linéarisées alors on obtient

$$\sigma_{ij} = \frac{1}{2} \sum_{k,\ell=1}^{3} A_{ijk\ell}(x) \left(\frac{\partial u_k}{\partial x_\ell} + \frac{\partial u_\ell}{\partial x_k} \right),$$

$$A_{ijk\ell} = A_{jik\ell} = A_{ij\ell k} = A_{k\ell ij},$$

$$\sum_{j=1}^{3} \frac{\partial \sigma_{ij}}{\partial x_j} = \rho(x)\frac{\partial^2 u_i}{\partial t^2},$$

où $u(x)$ est le vecteur de déplacement et $\rho(x)$ la densité du matériel. Ecrire le système d'équations différentielles qui permettent de déterminer des modes normaux de vibration de la forme

$$u_\lambda(x,t) = \exp(-i\sqrt{\lambda}t)\omega(x).$$

3.5.5 [D] On considère les vibrations d'une plaque élastique (homogène et isotrope) dont la composante normale du déplacement, $u(x,t)$, est solution de

$$\Delta^2 u + \frac{\partial^2 u}{\partial t^2} = 0$$

où Δ^2 est l'opérateur biharmonique (le laplacien appliqué deux fois). La méthode de séparation de variables donne des modes normaux de vibration de la forme

$$u(x,t,\lambda) = \exp(i\sqrt{\lambda}t)w(x).$$

Ecrire l'équation satisfaite par w.

3.5.6 [A] Soit l'équation différentielle

$$Mu'' + Bu' + Ku = 0$$

dont l'inconnue u est une fonction vectorielle d'une variable réelle $t > 0$. On cherche u de la forme

$$u(t) = e^{\lambda t}\varphi$$

où φ est un vecteur constant. Démontrer que (λ, φ) vérifie

$$(\lambda^2 M + \lambda B + K)\varphi = 0.$$

3.5.7 [D] Soit l'équation différentielle

$$Mu'' + Bu' + Ku = 0$$

avec les conditions initiales

$$u(0) = u_0 \qquad u'(0) = u_1.$$

Soit le polynôme

$$p(\lambda) = \det(\lambda^2 M + \lambda B + K).$$

On suppose M, B et K hermitiennes. Démontrer que

i) Si M, B, K sont semi-définies positives et si M ou K est définie positive alors $p(\lambda)$ n'a aucune racine à partie réelle positive.

ii) Si M et K sont semi-définies positives et si B est définie positive alors $\lambda = 0$ est la seule racine à partie réelle nulle.

3.5.8 [**B:22**] Nous présentons ici la méthode dite de condensation statique sur le problème

$$(P) \qquad Kq = \omega^2 Mq \quad 0 \neq q \in \mathbf{C}^n$$

qui modélise les fréquences naturelles et les formes modales d'une structure considérée globalement; K est la matrice de rigidité et M la matrice de masse (page 94, Volume de Cours).

On choisit un sous-ensemble q_C de coordonnées à éliminer. On note q_R le sous-ensemble des coordonnées qui seront retenues. Ceci induit un partitionnement de l'équation (P):

$$K_{RR} q_R + K_{RC} q_C = \omega^2 (M_{RR} q_R + M_{RC} q_C),$$
$$K_{CR} q_R + K_{CC} q_C = \omega^2 (M_{CR} q_R + M_{CC} q_C).$$

Supposons que q_C peut être décomposé de la façon

$$q_C = q_S + q_D$$

q_S étant la partie statique:

$$q_S = -K_{CC}^{-1} K_{CR} q_R.$$

La méthode de condensation statique consiste à négliger q_D de façon à ce que

$$q_C = -K_{CC}^{-1} K_{CR} q_R.$$

i) Démontrer que si $q_D = 0$ alors $(\omega_1 q_R)$ est solution de

$$\bar{K}_{RR} q_R = \omega^2 \bar{M}_{RR} q_R$$

où

$$\bar{K}_{RR} = K_{RR} - K_{RC} K_{CC}^{-1} K_{CR},$$
$$\bar{M}_{RR} = M_{RR} - M_{RC} K_{CC}^{-1} K_{CR} - K_{RC} K_{CC}^{-1} \bar{M}_{CR},$$
$$\bar{M}_{CR} = M_{CR} - M_{CC} K_{CC}^{-1} K_{CR}.$$

ii) Montrer que q_D vérifie

$$(K_{CC} - \omega^2 M_{CC}) q_D = \omega^2 \bar{M}_{CR} q_R.$$

Soit $q_R = 0$ et (μ_i, φ_i) les solutions de

$$K_{CC} \varphi = \mu^2 M_{CC} \varphi \qquad \varphi \neq 0.$$

On suppose

$$\mu_1^2 \leq \cdots \leq \mu_m^2,$$

$$\varphi_i^* M_{CC} \varphi_j = \delta_{ij}.$$

Soit $\varepsilon > 0$ l'ordre de grandeur de l'erreur que l'on acceptera sur les formes modales associées aux fréquences basses.

iii) Montrer que la méthode de condensation statique fournit des approximations acceptables pour les solutions (ω, q) telles que

$$\omega^2 = \varepsilon \mu_1^2 << 1.$$

3.6 Chimie.

3.6.1 [**D**] Démontrer que (3.6.1) équivaut à une méthode de Galerkin lorsque $\{\chi_1, ..., \chi_n\}$ est un système orthogonal. Préciser l'opérateur linéaire qui est représenté par la matrice H dans (3.6.1) (page 95 Volume de Cours).

3.6.2 [**D**] Vérifier que le Jacobien du membre de droite dans (3.6.2) (page 97 Volume de Cours) est donné par

$$J = \begin{pmatrix} D_1 \frac{\partial^2}{\partial r^2} + B - 1 & A^2 \\ -B & D_2 \frac{\partial^2}{\partial r^2} - A^2 \end{pmatrix}.$$

3.7 Equation Intégrale de Fredholm.

3.7.1 [**B:12**] On considère le problème différentiel de valeurs propres:

$$-x'' = \lambda x,$$
$$x(0) = 0,$$
$$x(1) = 0.$$

i) Déterminer le noyau de Green associé et formuler le problème de valeurs propres associé à l'opérateur intégral.

ii) Montrer que la discrétisation par différences finies sur le problème différentiel équivaut à l'approximation de Fredholm sur le problème intégral.

3.7.2 [**B:6,12**] Nous présentons ici la méthode, dite de collocation, sur un exemple. Soit $B = C^0[0,1]$ l'espace de Banach des fonctions

$$x : t \in [0,1] \mapsto x(t) \in \mathbf{C}$$

continues sur $[0,1]$ muni de la norme de la convergence uniforme:

$$\|x\| = \max_{0 \leq t \leq 1} |x(t)|.$$

Dans cet espace on considère l'ensemble de fonctions $\{e_1, ..., e_n\}$ définies de la manière suivante:

Etant donné un entier $n > 2$, soient

$$h = (n-1)^{-1},$$
$$t_j = (j-1)h \qquad j = 1, 2, ..., n.$$

Pour $j = 2, ..., n-1$:

$$e_j(t) = \begin{cases} 1 - \frac{1}{h}|t - t_j| & \text{si } t_{j-1} \leq t \leq t_{j+1} \\ 0 & \text{sinon} \end{cases}$$

$$e_1(t) = \begin{cases} 1 - \frac{t}{h} & \text{si } 0 \leq t \leq h \\ 0 & \text{sinon} \end{cases}$$

$$e_n(t) = \begin{cases} 1 - \frac{1-t}{h} & \text{si } t_{n-1} \leq t \leq 1 \\ 0 & \text{sinon.} \end{cases}$$

Soit $B_n = \text{lin}(e_1, ..., e_n)$ le sous-espace engendré par ces fonctions.

i) Démontrer que $x \in B_n$ si et seulement si $x \in B$ et x est un polynôme de degré ≤ 1 sur $[t_j, t_{j+1}]$ pour $j = 1, 2, ..., n-1$.

ii) Démontrer que

$$\pi_n : B \to B$$

$$x \mapsto \sum_{j=1}^{n} x(t_j) e_j$$

est une projection sur B_n dont on déterminera le noyau.

Soit T un opérateur linéaire borné défini sur B. On considère le problème de valeurs propres

$$T\phi = \lambda\phi, \quad 0 \neq \phi \in B, \quad \lambda \in \mathbf{C}$$

et l'approximation (du type Galerkin oblique)

$$\pi_n(T\phi_n - \lambda_n\phi_n) = 0, \qquad 0 \neq \phi_n \in B_n, \quad \lambda_n \in \mathbf{C}.$$

iii) Démontrer que cette approximation est équivalente à un problème matriciel de taille n :

$$Au = \omega u, \qquad 0 \neq u \in \mathbf{C}^n, \quad \omega \in \mathbf{C}$$

dont on calculera la matrice A et l'on explicitera le lien entre u et ϕ_n.

3.7.3 **[A]** On garde les notations de l'exercice 3.7.2. Soit

$$\tilde{\varphi} = T\varphi_n.$$

Démontrer que $\tilde{\varphi}_n$ est un vecteur propre de l'opérateur $T\pi_n$ associé à la valeur propre λ_n.

3.7.4 **[B:5,12]** Soit

$$I_n(x) = \sum_{j=1}^{n} \omega_{jn} x(t_{jn})$$

une formule de quadrature pour approcher

$$I(x) = \int_0^1 x(t)dt.$$

Soit $T : C^0[0,1] \to C^0[0,1]$ l'opérateur intégral

$$(Tx)(t) = \int_0^1 k(t,s)x(s)ds$$

à noyau k continu.
On définit l'approximation de Nyström de T, associée à la formule de quadrature donnée, par

$$(T_n x)(t) = \sum_{j=1}^{n} \omega_{jn} k(t,t_{jn})x(t_{jn}).$$

Soient λ_n et x_{jn} $\quad j = 1,...,n$ les nombres définis par

$$\sum_{j=1}^{n} \omega_{jn} k(t_{in},t_{jn})x_{jn} = \lambda_n x_{in} \qquad 1 \leq i \leq n$$

$$\max_{1 \leq i \leq n} |x_{in}| = 1.$$

i) Démontrer que

$$\varphi_n(t) = \sum_{j=1}^{n} \omega_{jn} k(t,t_{jn})x_{jn}$$

est un vecteur propre de T_n associé à la valeur propre λ_n.

ii) Démontrer que

$$\varphi_n(t_{in}) = x_{in} \qquad 1 \leq i \leq n.$$

4
Analyse d'erreur

4.1 Rappel sur le conditionnement d'un système.

4.1.1 **[A]** Soit A une matrice régulière. Démontrer qu'il existe une matrice ΔA de rang 1 telle que

$$\|\Delta A\|_2 \le \frac{\|A\|_2}{\operatorname{cond}_2(A)}$$

et que $A + \Delta A$ soit singulière.

4.1.2 **[C]** Calculer $\operatorname{cond}_2(A)$ dans les cas suivants:

i) $A = \begin{pmatrix} 1 & 0 \\ 0 & \epsilon \end{pmatrix}$.

ii) $A = \begin{pmatrix} 1 & 10^4 \\ 0 & 1 \end{pmatrix}$.

iii) $A = \begin{pmatrix} 1 & 10^4 \\ 0 & \epsilon \end{pmatrix}$.

4.1.3 **[D]** On considère une matrice rectangulaire $A \in \mathbf{C}^{n \times m}$, où $n \le m$, dont toutes les colonnes sont linéairement indépendantes. On définit

$$\kappa_2(A) = \frac{\max\{\|Ax\|_2 : \quad \|x\|_2 = 1 \quad \}}{\min\{\|Ax\|_2 : \quad \|x\|_2 = 1 \quad \}}.$$

On note σ_i les valeurs singulières de A.

i) Démontrer que lorsque $m = n$, $\kappa_2(A) = \operatorname{cond}_2(A)$.

ii) Démontrer que

$$\kappa_2(A) = \operatorname{cond}_2^{1/2}(A^*A) = \left(\frac{\max \sigma_i}{\min \sigma_i}\right)^{1/2}.$$

iii) Soit

$$A = \begin{pmatrix} 1 & 1 & 1 & \cdots & 1 \\ & & \epsilon I_n & & \end{pmatrix} \in \mathbf{C}^{(n+1) \times n}.$$

Calculer $\kappa_2(A)$.

4.1.4 **[D]** Soit $A' = A + \epsilon H$ où $\|H\| = 1$, $\| \ \|$ étant une norme induite, A une matrice régulière et

$$0 < \epsilon < \frac{1}{\rho(A^{-1}H)}.$$

Montrer que A' est régulière et que

$$\frac{\|A'^{-1} - A^{-1}\|}{\|A^{-1}\|} \leq \text{cond}(A) \frac{\|A' - A\|}{\|A\|} + O(\epsilon^2).$$

4.1.5 **[C]** La *mise à l'échelle par lignes* du système $Ax = b$ consiste à résoudre le système équivalent $D^{-1}Ax = D^{-1}b$ où D est une matrice diagonale telle que toutes les lignes de $D^{-1}A$ ont une norme $\| \ \|_\infty$ du même ordre. Etudier l'effet de la mise à l'échelle sur la précision de la solution du système (en arithmétique arrondie de base 10 avec 3 chiffres décimaux) lorsque les données sont

$$A = \begin{pmatrix} 10 & 10^5 \\ 1 & 1 \end{pmatrix} \quad \text{et} \quad b = \begin{pmatrix} 10^5 \\ 2 \end{pmatrix}$$

et que l'on prend $D = \text{diag}(10^{-4}, 1)$.

4.2 Stabilité d'un problème spectral.

4.2.1 **[A]** Soit λ une valeur propre de A, δ la distance de λ au reste du spectre de A. On suppose λ simple. Soit M le sous-espace propre associé à λ et $\underline{Q}$ une base orthonormale de $M^\perp$. On définit

$$\underline{B} = \underline{Q}^* A Q,$$

$$\Sigma^\perp = \underline{Q}(\underline{B} - \lambda I)^{-1}\underline{Q}^*.$$

Soit ℓ l'indice de la valeur propre de $\underline{B}$ la plus proche de λ. Démontrer que si δ est assez petit alors

$$\delta^{-1} \leq \|(\underline{B} - \lambda I)^{-1}\|_2 = \|\Sigma^\perp\|_2 \leq 2\text{cond}_2(\underline{V})\delta^{-\ell},$$

$\underline{V}$ étant la base de Jordan de $\underline{B}$.

4.2.2 [A] Soit $A \in \mathbf{C}^{n \times n}$, $\epsilon \in \mathbf{C}$ et $H \in \mathbf{C}^{n \times n}$ tel que $\|H\|_2 = 1$. On définit

$$A(\epsilon) = A + \epsilon H.$$

Soit λ une valeur propre non nulle de A dont la multiplicité algébrique est m. Soit M le sous-espace invariant associé et ϕ une base orthonormale de M. On définit

$$\theta = \phi^* A \phi,$$

$$\lambda I_m + \eta = J = V^{-1} \theta V \text{ la forme de Jordan de } \theta,$$

$$\lambda I_m + N = R = Q^* \theta Q \text{ la forme de Schur de } \theta.$$

Soit ℓ l'indice de λ.
i) Démontrer que

$$\forall k \geq 0 \qquad \|N^k\|_2 \leq \operatorname{cond}_2(V).$$

ii) Démontrer que pour ϵ assez petit il existe $\phi_*, \phi(\epsilon)$ et $\theta(\epsilon)$ tels que

$$\theta(\epsilon) = \phi_*^* A \phi(\epsilon),$$
$$\phi_*^* \phi = \phi_*^* \phi(\epsilon) = I_m,$$
$$A^* \phi_* = \phi_* \theta^*,$$
$$\|\theta(\epsilon) - \theta\|_2 \leq \|P\|_2 |\epsilon| + O(\epsilon^2)$$

où

$$\|P\|_2 = \|\phi_*\|_2$$

P étant la projection spectrale associée à λ.
Soit $\lambda(\epsilon)$ la valeur propre de $\theta(\epsilon)$ la plus proche de λ et supposons $\lambda(\epsilon) \neq \lambda$.
iii) Démontrer que

$$1 \leq \|(\lambda(\epsilon) I_m - \theta)^{-1} (\theta(\epsilon) - \theta)\|_2$$

et en déduire

$$\|((\lambda(\epsilon) - \lambda) I_m - N)^{-1}\|_2 \leq \frac{\operatorname{cond}_2(V)}{|\lambda(\epsilon) - \lambda|} \sum_{k=0}^{\ell-1} \frac{1}{|\lambda(\epsilon) - \lambda|^k}.$$

iv) Démontrer que pour ϵ assez petit

$$|\lambda(\epsilon) - \lambda| \leq (\ell \operatorname{cond}_2(V) \|P\|_2 |\epsilon|)^{1/\ell} + O(|\epsilon|^{1 + 1/\ell}).$$

v) Comparer à la propriété 4.2.3 (page 106 Volume de Cours).

4.2.3 [A] Soit $A = \begin{pmatrix} 1 & 10^4 \\ 0 & 0 \end{pmatrix}$, $\Delta = \begin{pmatrix} 1 & 0 \\ 0 & 10^{-4} \end{pmatrix}$. Vérifier que l'équilibrage de A par Δ diminue le conditionnement de la base de vecteurs propres ainsi que le défaut de normalité.

4.2.4 [B:24] Démontrer que lorsqu'aucune normalisation n'est imposée aux vecteurs propres x (à droite) et x_* (à gauche) associés à la valeur propre simple λ d'une matrice A, alors le conditionnement de λ est

$$\mathrm{csp}(\lambda) = \frac{\|x\|_2 \|x_*\|_2}{|x_*^* x|} = |s(\lambda)|^{-1}.$$

4.2.5 [D] Soit A diagonalisable dans une base V dont les colonnes sont unitaires en norme euclidienne. Soit $|s_i|^{-1}$ le conditionnement de la valeur propre λ_i tel qu'il a été défini à l'exercice 4.2.4. Démontrer que si toutes les valeurs propres sont simples alors

$$\mathrm{cond}_F(V) = \sqrt{n} \left(\sum_{i=1}^{n} |s_i|^{-2} \right)^{1/2}$$

et que pour chaque valeur propre simple λ_i

$$1 \le |s_i|^{-1} \le \frac{1}{2}(\mathrm{cond}_2(V) + \mathrm{cond}_2(V)^{-1}).$$

4.2.6 [A] Montrer que le conditionnement d'une valeur propre semi-simple est du type Lipschitz tandis que celui d'une valeur propre défective est du type Hölder.

4.2.7 [A] Etudier le conditionnement relatif d'une valeur propre non nulle.

4.2.8 [B:24,67] Supposons A diagonalisable. Comparer le conditionnement $\mathrm{csp}(x)$, d'un vecteur propre associé à une valeur propre simple, à celui qui se déduit de la formule de Wilkinson

$$x_j(\epsilon) = x_j - \epsilon \sum_{\substack{i=1 \\ i \ne j}}^{n} \left(\frac{x_{i*}^* H x_j}{(\lambda_j - \lambda_i) x_{i*}^* x_j} \right) x_i + O(\epsilon^2)$$

où x_j est le vecteur propre associé à λ_j, $\|x_j\|_2 = \|x_{j*}\|_2 = 1$ et

$$A(\epsilon) = A + \epsilon H \qquad \text{avec} \quad \|H\|_2 = 1.$$

Etudier $\|x_j(\epsilon)\|_2$ et commenter.

4.2.9 [C] Calculer les conditionnements de Chatelin et de Wilkinson (exercice 4.2.8) pour

$$A = \begin{pmatrix} 1 & 10^3 \\ 0 & 1.1 \end{pmatrix}$$

et commenter.

4.2.10 [C] Soient

$$A = \begin{pmatrix} 1 & 10^4 & 0 \\ 0 & 0 & 0 \\ 0 & 0 & 1/2 \end{pmatrix} \quad \text{et} \quad A' = \begin{pmatrix} 1 & 10^4 & 0 \\ 1.1 \times 10^{-5} & 0 & 0 \\ 2 \times 10^{-5} & 0 & 1/2 \end{pmatrix}.$$

Vérifier que la base X' du sous-espace invariant M' de A' associé au bloc $\sigma' = \{-0.1; 1.1\}$ et normalisée par $Q^*X' = I$ où $Q = (e_1, e_2)$ est égale à

$$X' = \begin{pmatrix} 1 & 0 \\ 0 & 1 \\ 10^{-3}/36 & 5/9 \end{pmatrix}.$$

4.2.11 [A] Etudier le défaut de normalité de la forme de Schur en fonction du conditionnement relatif à l'inversion de la matrice représentant la base de Jordan, lorsque le bloc σ est constitué d'une valeur propre double λ ou de deux valeurs propres distinctes λ et μ.

4.2.12 [B:14] Vérifier que la forme de Jordan est instable numériquement. Le calcul de la forme de Jordan est un problème mal posé.

4.3 Analyse d'erreur a priori.

4.3.1 [A] Soit

$$A' = A + H \text{ avec } \|H\|_2 = \epsilon \text{ et } R(z) = (A - zI)^{-1}.$$

Soit Γ une courbe de Jordan isolant une valeur propre λ de A du reste du spectre de A. Soit

$$c(\Gamma) = \max_{z \in \Gamma} \|R(z)\|_2.$$

Démontrer que si ϵ et γ sont tels que

$$0 < \epsilon < \gamma < \frac{1}{c(\Gamma)}$$

alors la matrice $R'(z) = (A' - zI)^{-1}$ existe et vérifie

$$\max_{z \in \Gamma} \|R'(z)\|_2 \leq \frac{c(\Gamma)}{1 - \gamma c(\Gamma)}.$$

4.3.2 [A] Démontrer que si l'on définit la distance entre deux ensembles finis σ et τ par

$$\text{dist}(\sigma, \tau) = \max\{\max_{t \in \tau} \min_{s \in \sigma} |t - s|, \max_{s \in \sigma} \min_{t \in \tau} |t - s|\}$$

alors, pour deux matrices A et A' on a

$$\text{dist}(\text{sp}(A), \text{sp}(A')) \leq c\|A - A'\|_2^{1/n}$$

où c est une constante.

4.3.3 [D] Démontrer que $A \mapsto \det A$ est Fréchet différentiable et que sa dérivée est donnée par

$$(\det' A)H = \sum_{i=1}^{n} \det(A_1, ..., A_{i-1}, H_i, A_{i+1}, ..., A_n)$$

où $A = (A_1, A_2, ..., A_n)$ et $H = (H_1, ..., H_n)$.

4.3.4 [B:12] Démontrer que pour ϵ assez petit

$$\left|\frac{1}{\lambda} - \frac{1}{m}\sum_{i=1}^{m}\frac{1}{\mu'_i}\right| = O(\epsilon)$$

en utilisant la notation de la Proposition 4.3.8 (page 113 Volume de Cours).

4.3.5 [D] On utilise la notation de la proposition 4.3.8 (page 113 Volume de Cours). Soit f une fonction holomorphe au voisinage de la valeur propre λ et soit ϵ un nombre positif. Montrer que pour ϵ assez petit,

$$|f(\lambda) - \frac{1}{m}\sum_{i=1}^{m} f(\mu'_i)| = O(\epsilon),$$

$$|f^m(\lambda) - \prod_{i=1}^{m} f(\mu'_i)| = O(\epsilon).$$

4.3.6 **[B:38]** Soit $\mathbf{T} : X \mapsto AX - XB$, avec

$$\operatorname{sp}(A) \cap \operatorname{sp}(B) = \emptyset.$$

Montrer que pour $\lambda \in \operatorname{re}(\mathbf{T})$:

$$(\mathbf{T} - \lambda \mathbf{I})^{-1} X = \frac{1}{2\pi i} \int_\Gamma (A - zI)^{-1} X (B - (z - \lambda)I)^{-1} dz$$

où Γ est une courbe de Jordan fermée isolant $\operatorname{sp}(B)$ du spectre de A.

4.4 Analyse d'erreur a posteriori.

4.4.1 **[A]** En utilisant la notation de la Proposition 4.2.3 du Volume de Cours, démontrer que pour $\|\Delta A\|$ assez petit

$$(1 + |\lambda' - \lambda|)^{\frac{\ell-1}{\ell}} \leq 2.$$

4.4.2 **[D]** Démontrer que

$$|\lambda - \hat{\lambda}'| \leq \|X_*\|_2 \epsilon_2$$

où $\hat{\lambda}'$ est la moyenne des m valeurs propres de A' proches de λ et $\epsilon_2 = \|\Delta A\|_2$.

4.4.3 **[A]** Démontrer que la condition (*) du problème 2.9.1 est satisfaite pour $x = y = e_i$ et la norme $\| \ \|_1$ lorsque A est une matrice assez proche d'une matrice triangulaire et qu'il n'existe pas d'autre élément diagonal égal à a_{ii}.

4.4.4 **[B:42]** On considère le problème généralisé

$$Ax = \lambda Bx$$

où A et B sont réelles et symétriques et B est définie positive. L'espace $\mathbf{R}^n$ est muni du produit scalaire

$$< u, v >_B = u^T B v$$

et $\| \ \|_B$ est la norme associée à ce produit. Soit

$$S = B^{-1} A.$$

i) Montrer que S est symétrique par rapport au produit $< \cdot, \cdot >_B$.

Soient $\mu_1 \leq \mu_2 \leq ... \leq \mu_n$ les valeurs propres de S; $\mu \in \mathbf{R}$ et $x \in \mathbf{R}^n$.

ii) Montrer que

$$\min_i |\mu_i - \mu| \leq \frac{\|Sx - \mu x\|_B}{\|x\|_B} \qquad (x \neq 0),$$

$$\min_{\mu_i \neq 0} \frac{|\mu_i - \mu|}{|\mu_i|} \leq \frac{\|Sx - \mu x\|_B}{\|Sx\|_B} \qquad (x \neq 0).$$

Soit P_i la projection propre associée à λ_i .

iii) Montrer que

$$\min_{\mu_i \neq \mu_j} |\mu_j - \mu| \|x - P_i x\|_B \leq \|Sx - \mu x\|_B .$$

On définit le quotient Rayleigh associé au produit $< \cdot, \cdot >_B$ et au vecteur $x \neq 0$:

$$R_B(S, x) = \frac{< Sx, x >_B}{\|x\|_B^2} .$$

iv) Montrer que

$$\min_\mu \|Sx - \mu x\|_B = \|Sx - R_B(S, x)x\|_B .$$

Supposons que $\alpha < \beta$ sont tels que

$$\mu_{i-1} \leq \alpha \leq \mu_i \leq \beta \leq \mu_{i+1},$$

$$\alpha < R_B(S, x) < \beta.$$

v) Montrer que

$$R_B(S, x) - \Delta_\beta \leq \mu_i \leq R_B(S, x) + \Delta_\alpha,$$

où

$$\Delta_\alpha = \frac{\|Sx - R_B(S, x)x\|_B^2}{(R_B(S, x) - \alpha)\|x\|_B^2}$$

et

$$\Delta_\beta = \frac{\|Sx - R_B(S, x)x\|_B^2}{(\beta - R_B(S, x))\|x\|_B^2} .$$

vi) En déduire les bornes a posteriori:

$$\min_i |\mu_i - R_B(S, x)| \leq (R_B(S^2, x) - R_B(S, x)^2)^{1/2},$$

$$\min_{\mu_i \neq 0} \left| \frac{\mu_i - R_B(S, x)}{\mu_i} \right| \leq \left(1 - \frac{R_B(S, x)^2}{R_B(S^2, x)} \right)^{1/2} .$$

4.4.5 **[D]** On considère les résultats de la section 4.4.2 (pages 116 - 118 Volume de Cours). Borner les différences $\|X_1 - X\|$, $\|X_1' - X\|$ et $\|B_1 - B\|$ où

$$X_1 = U + W, \quad X_1' = Q' + W' \quad \text{et} \quad B_1 = Y^* A X_1.$$

4.5 A est presque diagonale.

4.5.1 **[A]** Soit $\{d_i\}_1^n$ un ensemble de n nombres positifs. Montrer que pour toute valeur propre λ de A il existe un indice i tel que

$$|\lambda - a_{ii}| \leq \frac{1}{d_i} \sum_{\substack{j=1 \\ j \neq i}}^{n} |a_{ij}| d_j.$$

4.5.2 **[A]** Soit

$$A = \begin{pmatrix} 1 & 10^{-4} & 0 \\ 10^{-4} & 2 & 10^{-4} \\ 0 & 10^{-4} & 3 \end{pmatrix}.$$

Utiliser des similitudes diagonales et les disques de Gershgorin pour localiser les valeurs propres de A autour de 1,2 et 3 avec une précision de l'ordre de 10^{-8}.

4.5.3 **[D]** Soit $A = \tilde{D} + H$ où $\tilde{D}$ est une matrice bloc-diagonale admettant un seul bloc de taille r. Les indices des lignes du bloc constituent l'ensemble I. On définit

$$\hat{\lambda} = \frac{1}{r} \sum_{i \in I} \lambda_i \text{ et } \hat{a} = \frac{1}{r} \sum_{i \in I} a_{ii}.$$

i) Obtenir, à l'aide du théorème 4.5.3 (page 122 Volume de Cours) une borne du type

$$|\hat{\lambda} - \hat{a}| \leq \frac{1}{r} \sum_{i \in I} \|H e_i\|_1.$$

ii) Compléter l'étude de localisation des valeurs propres de A à l'aide du corollaire 4.5.2 (page 121 Volume de Cours) lorsque $\|H\|_1$ est assez petit.

4.5.4 **[B:50]** Soit $A = (a_{ij}) \in \mathbf{C}^{n \times n}$ et $\mu \in \mathbf{C}$ distinct des éléments diagonaux de A. On définit l'application

$$\mu \mapsto (R_1(\mu), ..., R_n(\mu))$$

par

$$R_1(\mu) = \sum_{j=2}^{n} |a_{1j}|,$$

$$R_i(\mu) = \sum_{j<i} |a_{ij}| \frac{R_j(\mu)}{|a_{jj} - \mu|} + \sum_{j>i} |a_{ij}|, \qquad i = 2, ..., n-1,$$

$$R_n(\mu) = \sum_{j=1}^{n-1} |a_{nj}| \frac{R_j(\mu)}{|a_{jj} - \mu|}.$$

On appelle i-ème région de Gudkov à l'ensemble

$$K_i = \{\mu \in \mathbf{C} : \quad |\mu - a_{ii}| \le R_i(\mu) \quad \}, \qquad i = 1, 2, ..., n.$$

On note G_i les disques de Gershgorin, pour $i = 1, 2, ..., n$.

i) Démontrer que

$$\mathrm{sp}(A) \subseteq \bigcup_{i=1}^{n} K_i \subseteq \bigcup_{i=1}^{n} G_i.$$

ii) Construire les disques de Gershgorin et les régions de Gudkov associés à la matrice

$$A = \begin{pmatrix} -1 & 1 & 0 \\ 1 & 1 & 1 \\ 2 & 0 & 3 \end{pmatrix}$$

et comparer la finesse des localisations respectives.

Posons $K_i = K_i(A)$, $G_i = G_i(A)$ et $D = \mathrm{diag}(d_1, ..., d_n)$. On considère les ensembles minimaux

$$\tilde{G}(A) = \bigcap_{D>0} \bigcup_{i=1}^{n} G_i(D^{-1}AD),$$

$$\tilde{K}(A) = \bigcap_{D>0} \bigcup_{i=1}^{n} K_i(D^{-1}AD).$$

iv) Démontrer que $\tilde{G}(A) = \tilde{K}(A)$.

4.6 A est hermitienne.

4.6.1 [**A**] Soit $T = \begin{pmatrix} A \\ B \end{pmatrix}$ où A est hermitienne. Montrer qu'il existe W hermitienne telle que

$$\tilde{T} = \begin{pmatrix} A & B^* \\ B & W \end{pmatrix}$$

vérifie
$$\|\tilde{T}\|_2 = \|T\|_2.$$

4.6.2 [**D**] Donner, pour une valeur propre simple, une inégalité calculable avec le quotient de Rayleigh généralisé, en fonction de

$$\rho = \|Au - \xi u\|_2 \quad \text{et} \quad s = \|A^* v - \bar{\xi} v\|_2$$

où

$$\xi = v^* A u \quad \text{et} \quad v^* u = u^* u = 1.$$

4.6.3 [**B:34**] Soient $u \in \mathbf{R}^n$, $\alpha \in \mathbf{R}$, $r(\alpha) = Au - \alpha u$ où $u^* u = 1$ et A est symétrique. On définit

$$\mathcal{H} = \{ H \text{ symétrique} : \quad (A - H)u = \alpha u \}.$$

i) Démontrer que

$$\min_{H \in \mathcal{H}} \|H\|_2 = \|r(\alpha)\|_2,$$
$$\min_{H \in \mathcal{H}} \|H\|_F = 2\|r(\alpha)\|_2 - (\alpha - u^* A u)^2.$$

ii) Démontrer que si $\rho = u^* A u$ et $r = r(\rho)$ alors les minima sont atteints pour

$$H = ru^* + ur^*$$

et $r(\rho)$ est le minimum de $r(\alpha)$.

Pour une matrice non symétrique A la situation est la suivante: Soit u, v dans $\mathbf{C}^n$, $\alpha \in \mathbf{C}$ tels que $v^* u = u^* u = 1$. Soit $r(\alpha) = Au - \alpha u$, $s(\alpha) = A^* v - \bar{\alpha} v$ et

$$\mathcal{H} = \{ H : \quad (A - H)u = \alpha u \text{ et } (A^* - H^*)v = \bar{\alpha} v \}.$$

Alors

$$\min_{H \in \mathcal{H}} \|H\|_2 = \max\{\|r(\alpha)\|_2, \|s(\alpha)\|_2\},$$
$$\min_{H \in \mathcal{H}} \|H\|_F = \|r(\alpha)\|_2^2 + \|s(\alpha)\|_2^2 - (\alpha - v^* A u)^2.$$

Les minima sont réalisés par

$$H = ru^* + vs^*$$

où $r = r(z)$, $s = s(z)$ avec $z = v^* A u$.

Mais z n'entraine aucune minimisation des résidus.

4.6.4 [**B:44**] Soit $A \in \mathbf{C}^{n \times n}$ une matrice hermitienne. Soit $Q \in \mathbf{C}^{n \times m}$ une base orthonormale de $S = \operatorname{lin} Q$. Démontrer que le meilleur ensemble de m nombres pour approcher $\operatorname{sp}(A)$ qui peut être déduit de A et Q est $\operatorname{sp}(Q^* A Q) = \{\beta_j\}$, au sens où

$$\beta_j = \min_{\substack{V_j \subseteq S \\ \dim V_j = j}} \max_{\substack{y \in V_j \\ \|y\|_2 = 1}} y^* A y.$$

4.6.5 [**A**] Soit $A \in \mathbf{C}^{n \times n}$ une matrice hermitienne, $\Delta \in \mathbf{C}^{m \times m}$ une matrice diagonale, $Q \in \mathbf{C}^{n \times m}$ une base orthonormale et $V \in \mathbf{C}^{m \times m}$ une matrice unitaire telle que

$$Q^* A Q = V \Delta V^*.$$

Démontrer que le meilleur ensemble de vecteurs propres approchés qui peut être déduit de A et de Q est QV, au sens où

$$\|AQV - QV\Delta\|_2 = \min\{\|AU - UD\|_2 : \quad U^* U = I_m, \ D \text{ diagonale }\}.$$

4.6.6 [**C**] Soit la matrice

$$A = \begin{pmatrix} 0 & 0.1 & 0 \\ 0.1 & 0 & 1 \\ 0 & 1 & 0 \end{pmatrix}.$$

Faire le calcul des éléments propres de $\tilde{B} = Q^* A Q$ avec $Q = (e_1, e_2)$. En déduire que la condition d'optimalité des vecteurs de Ritz est seulement collective: Aucun de ces vecteurs ne minimise la distance à un vecteur propre de A.

4.6.7 [**D**] Comparer la localisation (4.6.1) (page 124 Volume de Cours) à celle du théorème 4.5.1 (page 121 Volume de Cours) lorsque A est une matrice hermitienne voisine d'une matrice diagonale.

4.6.8 [**B:32**] Soit

$$\mathcal{X} = \{(x_{ij}) : \sum_{i=1}^{n} x_{ij} = \sum_{j=1}^{n} x_{ij} = 1 \quad x_{ij} \geq 0 \ 1 \leq i, j \leq n \},$$

$$\mathcal{W} = \{(w_{ij}) : \exists V = (v_{ij}) \text{ tq } V^* V = I \text{ et } w_{ij} = v_{ij} \bar{v}_{ij}, \ 1 \leq i, j \leq n\}.$$

i) Démontrer que $\mathcal{W} \subseteq \mathcal{X}$.

ii) Démontrer que les sommets de $\mathcal{X}$ sont les matrices de permutation et que celles-ci appartiennent à $\mathcal{W}$.

iii) Utiliser ce résultat pour montrer la propriété suivante:
Soit D et Δ des matrices diagonales et soit P une matrice telle que

$$\|D - P^*\Delta P\|_F = \min\{\|D - V^*\Delta V\|_F : \quad V^*V = I\ \}.$$

Alors P est une matrice de permutation.

4.6.9 **[D]** Que donnent les bornes du Théorème 4.4.3 (page 117 du Volume de Cours) lorsque A est hermitienne?

4.6.10 **[B:34]** Soient U et V deux bases orthonormales dans $\mathbf{C}^{n \times m}$ telles que V^*U est régulière. Démontrer qu'il existe une matrice H et une matrice diagonale D telles que

$$(A - H)U = UC \qquad \text{et} \qquad V^*(A - H) = DV^*$$

où

$$C = (V^*U)^{-1}D(V^*U).$$

4.6.11 **[B:34]** Avec les notations de l'Exercice 4.6.10 précédent, démontrer l'existence de matrices H de normes minimales:

$$\|H\|_2 = \max\{\|R\|_2, \|S^*\|_2\},$$
$$\|H\|_F = \|R\|_F^2 + \|S^*\|_F^2 - \|Z\|_F^2,$$

où $R = AU - UC$, $S = V^*A - DV^*$ et $Z = V^*R = S^*U$.

4.6.12 **[B:17,33]** Soit ρ l'approximation de Rayleigh de la plus grande valeur propre de A que l'on suppose simple. Démontrer que la borne

$$\sin\theta \leq \frac{\epsilon}{\tilde{\delta}}$$

du Corollaire 4.6.4 (page 125 du Volume de Cours) peut être améliorée en

$$\text{tg}\theta \leq \frac{\epsilon}{\tilde{\delta}}.$$

4.6.13 **[A]** On considère la démonstration du Théoreme 4.6.12 (Page 130 Volume de Cours). Montrer que

$$\|B'D - D\overset{\circ}{C}\|_j \geq \sigma\|B' - \overset{\circ}{C}\|_j \qquad j = 2, F.$$

5
Fondements des méthodes de calcul de valeurs propres

5.1 Convergence d'une suite de Krylov de sous-espaces.

5.1.1 **[A]** Démontrer que si H est une matrice de Hessenberg irréductible et diagonalisable alors elle n'a que des valeurs propres simples. En déduire qu'il en est de même pour une matrice tridiagonale symétrique irréductible.

5.1.2 **[D]** Soit A une matrice régulière, S_0 un sous-espace vectoriel et K_k la suite de Krylov associée. Démontrer que cette suite devient stationnaire, c'est-à-dire,

$$\exists \ell \qquad K_{\ell+1} = K_\ell,$$

si et seulement si l'un des sous-espaces de la suite est invariant par A.

5.2 Méthode d'itération de sous-espace.

5.2.1 **[C]** Etudier la convergence de la méthode (5.2.1) (page 135 Volume de Cours) sur la matrice

$$A = \begin{pmatrix} 1 & 0 & 0 \\ 1 & -1 & 0 \\ 0 & 0 & 1/2 \end{pmatrix}$$

en utilisant comme sous-espace de départ
i) $S = \lin(e_1, e_2)$,
ii) $S = \lin(e_1)$.

5.2.2 **[B:67]** Etudier la possibilité de calculer les valeurs propres de A en utilisant la méthode LR décrite à l'exemple 5.2.1 (page 138 Volume de Cours).

5.2.3 **[D]** On considère les matrices A' et $\bar{A}$ définies dans la proposition 5.2.5 (page 138 Volume de Cours). Démontrer que

$$A' = A(I - P) + (\lambda - \sigma)P$$
$$\bar{A} = A(I - P^{\perp}) + (\lambda - \sigma)P^{\perp}$$

où P et $P^{\perp}$ sont, respectivement, la projection spectrale et la projection orthogonale sur le sous-espace propre unidimensionnel associé à λ.

5.2.4 **[D]** Etudier la convergence de la méthode d'itération de sous-espace sur une matrice de Hessenberg irréductible avec une base de départ de la forme

$$U_0 = \begin{pmatrix} * & x & x & \cdots & x \\ 0 & * & x & \cdots & x \\ 0 & 0 & * & \ddots & \vdots \\ \vdots & & 0 & \ddots & x \\ \vdots & & & \ddots & * \\ \vdots & & & & 0 \\ \vdots & & & & \vdots \\ \vdots & & & & \vdots \\ 0 & \cdots & \cdots & \cdots & 0 \end{pmatrix} \in \mathbf{C}^{n \times r}$$

où $*$ est un élément non nul, x est un élément non nécessairement nul et les autres éléments sont tous nuls.

5.3 Méthode de la puissance.

5.3.1 **[A]** Démontrer que sous les hypothèses du Théorème 5.3.1 (page 139 Volume de Cours) on a

$$|q_k^* A q_k - \lambda_1| = O(|\frac{\mu_2}{\mu_1}|^k).$$

5.3.2 **[D]** Démontrer que sous les hypothèses du Théorème 5.3.1 (page 139 Volume de Cours) et si A est hermitienne alors

$$|q_k^* A q_k - \lambda_1| = O(|\frac{\mu_2}{\mu_1}|^{2k}).$$

5.3.3 **[D]** Comment utiliser la méthode de la puissance pour le calcul de la plus petite valeur propre d'une matrice régulière?

5.3.4 [C] Etudier le comportement de la méthode de la puissance sur les matrices

$$A = \begin{pmatrix} \lambda & 1 \\ 0 & \lambda \end{pmatrix} \quad \text{et} \quad B = \begin{pmatrix} \lambda & 1 \\ 0 & -\lambda \end{pmatrix} \quad \text{avec} \quad \lambda \neq 0.$$

5.3.5 [B:48] Etant donné un polynôme

$$p(z) = z^n + a_1 z^{n-1} + \cdots + a_n$$

on définit sa matrice *compagne* (c_{ij}) par (voir l'exercice 1.1.13):

$$c_{ij} = \begin{cases} -a_{n-i+1} & \text{si } j = n \text{ et } 1 \leq i \leq n \\ 1 & \text{si } j = i - 1 \text{ et } 2 \leq i \leq n \\ 0 & \text{sinon.} \end{cases}$$

Démontrer que la méthode de la puissance sur A équivaut à la *Méthode de Bernoulli* [*] sur p(z). Cette méthode consiste à calculer

$$z_{n+k} = a_1 z_{n+k-1} + a_2 z_{n+k-2} + \ldots + a_n z_k$$

pour $k = 0, 1, 2, 3, \ldots$ et où $z_0, \ldots, z_{n-1}$ sont donnés.

5.3.6 [D] A l'aide de la méthode de la puissance et de l'exercice 5.3.2, proposer une méthode à convergence quadratique pour le calcul du rayon spectral d'une matrice A, sans avoir à calculer explicitement le produit $A^* A$.

5.3.7 [C] Faire les calculs et discuter les résultats correspondants à l'exemple 5.3.2 (page 141 Volume de Cours).

5.3.8 [B:20] Soient λ_1 et λ_2 les deux premières valeurs propres de A. Supposons que

$$\lambda_1 = e^{i\theta} \lambda_2 \quad \lambda_1 \neq \lambda_2, \quad \theta = \frac{2\pi}{p} \quad (p \in Q).$$

Démontrer que tout couple de vecteurs indépendants choisis parmi les vecteurs limites de la méthode de la puissance, permet de construire une matrice 2×2 de spectre $\{\lambda_1, \lambda_2\}$.

5.3.9 [D] On reprend l'exercice 5.3.8 dans le cas particulier $\lambda_1 = -\lambda_2$, A réelle. Démontrer que si v et w sont deux limites des sous-suites convergentes alors $v + w$ et $v - w$ sont les vecteurs propres correspondants.

---

[*]   Daniel Bernoulli, 1700-1782, né à Gröningen, mort à Bâle.

5.4 La méthode d'itération inverse.

5.4.1 **[D]** Proposer une méthode d'itération de sous-espace pour calculer les valeurs propres de plus petit module d'une matrice régulière.

5.4.2 **[B:44]** Démontrer les taux de convergence quadratique et cubique de la méthode du Quotient de Rayleigh dans le cas général et hermitien respectivement.

5.5 L'algorithme QR.

5.5.1 **[D]** Soit H une matrice de Hessenberg irréductible singulière. Démontrer que la valeur propre 0 est retrouvée après <u>un</u> pas de l'algorithme QR.

5.5.2 **[B:64,67]** Etudier l'équivalence entre la démonstration algébrique de convergence de la méthode QR (donnée, par exemple dans [B:67]) et la démonstration géométrique donnée au théorème 5.5.5 (page 147 Volume de Cours). En particulier, démontrer que si H est une matrice de Hessenberg irréductible diagonalisable et V la matrice de vecteurs propres alors tous les mineurs principaux de V^{-1} sont non nuls.

5.5.3 **[C]** Appliquer l'algorithme QR à la matrice

$$A = \begin{pmatrix} 1 & 0 \\ 1 & -1 \end{pmatrix}.$$

Montrer que l'on obtient deux sous-suites constantes différentes. Commenter.

5.5.4 **[D]** Soit $A \in \mathbf{C}^{n \times n}$. On considère l'algorithme suivant dit de *Réduction Additive* (R.A.):

$$A_0 = A,$$
$$A_k = E_k + R_k,$$
$$A_{k+1} = E_k^{-1} A_k E_k,$$

où E_k est la partie triangulaire inférieure de A_k (diagonale comprise).

i) Démontrer que si A est une matrice de Hessenberg inférieure irréductible à valeurs propres de modules distincts et si les matrices $A_k = (a_{ij}^{(k)})$ engendrées par l'algorithme R.A. sont telles que

$$\forall k \quad |a_{11}^{(k)}| > |a_{22}^{(k)}| > \dots > |a_{nn}^{(k)}| > 0$$

alors, lorsque $k \to \infty$, les éléments diagonaux de A_k tendent vers les valeurs propres de A.

ii) Comparer la complexité de cet algorithme à celle de la méthode QR.

5.5.5 **[D]** Etudier l'instabilité potentielle de l'algorithme R.A. (exercice 5.5.4). On étudiera, en particulier le cas des valeurs propres défectives et le cas des matrices à grande étendue de spectre.

5.5.6 **[A]** Comparer la base Q_k définie par (5.2.1) (page 135 Volume de Cours) à la base $\mathcal{Q}_k$ de la méthode QR (page 145 Volume de Cours).

5.5.7 **[B:21,25]** Soit $\mathcal{P}$ l'espace vectoriel des polynômes à coefficients réels muni d'un produit scalaire $< \cdot, \cdot >$. On considère un système orthonormal $(P_0, P_1, ..., P_n, ...)$ où P_k est de degré k.

i) Démontrer que les polynômes P_k vérifient la relation

$$P_{n+1}(x) = (A_n x + B_n)P_n(x) - C_n P_{n-1}(x).$$

ii) Démontrer que si a_k et b_k sont tels que

$$P_k(x) = a_k x^k + b_k x^{k-1} + ...$$

alors

$$A_k = a_{k+1}/a_k,$$
$$B_k = A_k(b_{k+1}/a_{k+1} - b_k/a_k),$$
$$C_k = a_{k+1} a_{k-1}/a_k^2.$$

iii) On définit

$$\alpha_k = -B_k/A_k,$$
$$\beta_k = C_k/A_k$$

et l'on construit la matrice tridiagonale symétrique

$$T_n = \begin{pmatrix} \alpha_0 & \beta_1 & 0 & 0 & \cdots & 0 \\ \beta_1 & \alpha_1 & \beta_2 & 0 & \cdots & 0 \\ 0 & \beta_2 & \alpha_2 & \beta_3 & \cdots & 0 \\ \vdots & & & \ddots & & \vdots \\ \vdots & & & & \ddots & \beta_n \\ 0 & \cdots & & 0 & \beta_n & \alpha_n \end{pmatrix}.$$

On supposera le produit scalaire de la forme

$$< p, q > = \int_a^b w(x)p(x)q(x)dx$$

où w est une fonction non négative définie dans $]a, b[$ et telle que, pour tout polynôme p, l'intégrale de Lebesgue

$$\|p\|_{2,w}^2 = \int_a^b w(x)|p(x)|^2\, dx$$

existe.

iv) Montrer que pour tout $k \geq 1$ le polynôme P_k admet k racines réelles simples (que l'on notera $x_{j,k}$, $\quad j = 1, 2, ..., k$) dans l'intervalle $[a, b]$.

v) Démontrer l'identité

$$T_n \phi_n(x) = x\phi_n(x) - \frac{P_{n+1}(x)}{A_{n+1}} e_{n+1}$$

où e_{n+1} est le $(n+1)$ ième vecteur canonique de $\mathbf{R}^{n+1}$ et

$$\phi_n(x) = (P_0(x), P_1(x), ..., P_n(x))^T.$$

En déduire que les racines de P_{n+1} sont les valeurs propres de T_n et que, moyennant une translation d'origine, la méthode QR de base appliquée sur T_n est convergente.

On considère la formule de quadrature dite *de Gauss*

$$\int_a^b w(x)f(x)dx = \sum_{j=1}^n w_{j,n} f(x_{j,n}) + E_n(f)$$

où les *poids* $w_{j,n}$ sont tels que l'erreur $E_n(f)$ est nulle lorsque f est un polynôme de degré $\leq 2n - 1$.

vi) Montrer que le poids $w_{j,n}$ peut être déduit de la première composante du vecteur propre $\phi_n(x_{j,n})$ si l'on connaît les moments de la fonction w, c'est à dire, les intégrales

$$m_k = \int_a^b w(x)x^k\, dx.$$

5.5.8 [B:65] On généralise ici l'algorithme QR de base grâce à la notion de *flot isospectral*.

i) Démontrer que toute matrice $A \in \mathbf{C}^{n \times n}$ admet une décomposition unique

$$A = \pi_1(A) + \pi_2(A)$$

où $\pi_1(A)$ est antihermitienne et $\pi_2(A)$ est triangulaire supérieure à éléments diagonaux réels.

On définit $\forall B,\ X \in \mathbf{C}^{n \times n}$:

$$[B, X] = BX - XB.$$

Soient $B_0 \in \mathbf{C}^{n \times n}$ et f une fonction analytique définie dans un ouvert contenant le spectre de B_0. On considère l'équation différentielle matricielle:

$$\dot{B}(t) = [B(t), \pi_1(f(B(t)))] \text{ avec } B(0) = B_0.$$

On dira que $t \mapsto B(t)$ est le *flot* défini par f. Soient R et Q les solutions respectives des équations différentielles matricielles suivantes

$$\dot{Q}(t) = Q(t)\pi_1(f(B(t))) \text{ avec } Q(0) = I_n,$$
$$\dot{R}(t) = \pi_2(f(B(t)))R(t) \text{ avec } R(0) = I_n.$$

ii) Démontrer que $Q(t)$ est unitaire et $R(t)$ triangulaire supérieure à éléments diagonaux réels positifs.

iii) Démontrer que

$$B(t) = Q(t)^* B_0 Q(t) = R(t) B_0 R(t)^{-1},$$
$$Q(t)R(t) = e^{f(B_0)t}.$$

Soient λ_j $(j = 1, 2, ..., n)$ les valeurs propres de B_0 et soient v_j les vecteurs propres associés. On supposera que

$$|e^{f(\lambda_1)}| > ... > |e^{f(\lambda_n)}|,$$

Pour $k = 1, ..., n-1$ $\quad \text{lin}(e_1, ..., e_k) \cap \text{lin}(v_{k+1}, ..., v_n) = \{0\}.$

iv) Montrer que, lorsque $t \to \infty$, le comportement de $B(t)$ est le suivant: Sa partie triangulaire inférieure stricte converge vers 0, ses éléments diagonaux tendent vers $\lambda_1, ..., \lambda_n$ (dans cet ordre) et sa partie triangulaire supérieure reste bornée.

v) Montrer que l'algorithme QR de base appliqué sur

$$A_0 = e^{f(B_0)}$$

produit la suite

$$A_k = e^{f(B(k))} \quad k = 1, 2, ...$$

On retrouvera la méthode QR sur B_0 en prenant $f(z) = \ln z$.

5.6 Cas d'une matrice hermitienne.

5.6.1 **[A]** Démontrer que la méthode QR préserve la forme tridiagonale hermitienne (ou symétrique).

5.6.2 **[B:44]** Soit $A \in \mathbf{C}^{n \times n}$ une matrice symétrique régulière.

i) Démontrer qu'il existe une matrice unitaire Q et une matrice triangulaire inférieure régulière L telles que $A = QL$: C'est la *Factorisation QL* de A.

On définit l'algorithme QL avec translation d'origine σ_k comme suit:

Etant donné A_k, σ_k soit

$A_k - \sigma_k I = Q_k L_k$ la factorisation QL de $A_k - \sigma_k I$.

On définit $A_{k+1} = L_k Q_k + \sigma_k I$.

ii) Démontrer que A_{k+1} est unitairement semblable à A_1.

Soit $\tilde{I} = (e_n, e_{n-1}, ..., e_1)$. Soit $A_k^{(L)}$ la suite de matrices produites par la méthode QL et $A_k^{(R)}$ celle produite par la méthode QR.

iii) Démontrer que

$$A_k^{(R)} = \tilde{I} A_k^{(L)} \tilde{I} \text{ et que } \tilde{I}^* = \tilde{I} = \tilde{I}^{-1}.$$

Soit A symétrique tridiagonale réelle:

$$A = \begin{pmatrix} \alpha_1 & \beta_1 & & & \\ \beta_1 & \alpha_2 & \ddots & & \\ & \ddots & \ddots & \beta_{n-1} \\ & & \beta_{n-1} & \alpha_n \end{pmatrix}.$$

On définit la *translation de Wilkinson* par

$$\omega = \begin{cases} \alpha_1 - |\beta_1| & \text{si } \alpha_1 = \alpha_2 \\ \alpha_1 - \text{sgn}(\delta)\beta_1^2 (|\delta| + \sqrt{\delta^2 + \beta_1^2})^{-1} & \text{si non} \end{cases}$$

où $\delta = (\alpha_2 - \alpha_2)/2$. On définit le vecteur p par

$$(A - \omega I)p = e_1$$

et le vecteur unitaire q_1 par

$$(A - \omega I)q_1 = \tau p \quad \text{avec} \quad \tau = \frac{1}{\|p\|_2}.$$

iv) Démontrer que

$$\| (A - \omega I) q_1 \|_2^2 = \tau^2 \leq \min \{ 2\beta_1^2, \beta_2^2, \frac{|\beta_1 \beta_2|}{\sqrt{2}} \}.$$

En déduire que si A est symétrique tridiagonale réelle irréductible alors l'algorithme QL avec translation d'origine de Wilkinson génère une suite de matrices symétriques tridiagonales irréductibles

$$A_k = \begin{pmatrix} \alpha_1^{(k)} & \beta_1^{(k)} & & & \\ \beta_1^{(k)} & \alpha_2^{(k)} & \ddots & & \\ & \ddots & \ddots & \beta_{n-1}^{(k)} \\ & & \beta_{n-1}^{(k)} & \alpha_n^{(k)} \end{pmatrix}$$

telles que

$$|\beta_1^{(k+1)}|^3 < \frac{|\beta_1^2 \beta_2|}{(\sqrt{2})^{k-1}}$$

et donc converge.

5.6.3 **[D]** Proposer une méthode QL pour le calcul des valeurs propres d'une matrice quelconque, fondée sur les idées de l'exercice 5.6.2 et étudier sa convergence.

5.6.4 **[B:48,53]** On considère la *Méthode de Jacobi* sur une matrice symétrique $A \in \mathbf{R}^{n \times n}$:

$A_0 = A.$

(∗)   Etant donnée la matrice $A_k = (a_{ij}^{(k)})$ soit (p,q) tel que

$$|a_{pq}^{(k)}| = \max_{1 \leq i < j \leq n} |a_{ij}^{(k)}|.$$

Soit J_k la matrice obtenue à partir de l'identité si l'on change

le 0 en position (p,q) par $\sin \theta_k$,

le 0 en position (q,p) par $-\sin \theta_k$,

les 1 en positions (p,p) et (q,q) par $\cos \theta_k$

où θ_k est tel que la matrice

$A_{k+1} = J_k^T A_k J_k = (a_{ij}^{(k+1)})$ vérifie

$a_{pq}^{(k+1)} = 0.$

i) Etudier la convergence de cette méthode.

ii) Appliquer cette méthode à une matrice de taille 3 et démontrer que son comportement asymptotique est celui de la méthode de l'itération inverse.

5.6.5 **[B:44]** Soit T une matrice réelle tridiagonale symétrique d'ordre n. Soit σ une translation d'origine. La factorisation QL (exercice 5.6.2) de $T - \sigma I$ peut être accomplie par $n - 1$ rotations J_k dans le plan des coordonnées $(k, k+1)$ (exercice 5.6.4 où l'on prendra $p = k$ et $q = k+1$) respectivement

$$J_1 J_2 \cdots J_{n-1}(T - \sigma I) = L.$$

i) Montrer que le calcul de

$$\hat{T} - \sigma I = LQ = LJ_{n-1}^* J_{n-2}^* \cdots J_1^*$$

peut être commencé dès que $J_{n-2} J_{n-1} T$ est calculé, en appliquant en ce moment J_{n-1}^* par la droite.

ii) Etudier les translations suivantes

$$\sigma = \frac{\pi_T(0)}{\pi_T'(0)} \quad \text{(de Newton)}$$

$$\sigma = \omega - \frac{\pi_T(\omega)}{\pi_T'(\omega)} \quad \text{(de Saad)}$$

où π_T est le polynôme caractéristique de T.

5.7 L'algorithme QZ.

5.7.1 **[A]** Soient $A, B \in \mathbf{C}^{n \times n}$. On considère le problème généralisé

$$Ax = \lambda Bx \qquad x \neq 0,$$

avec $\det(A - \lambda B)$ non identiquement nul. Soit S un sous-espace de $\mathbf{C}^n$ de dimension m tel que

$$\dim(A(S) + B(S)) \leq m.$$

On appelle S un *sous-espace de déflation*.

i) Démontrer qu'il existe une matrice unitaire $U \in \mathbf{C}^{n \times n}$ et une matrice unitaire $V \in \mathbf{C}^{n \times n}$ telles que les m premières colonnes de V forment une base de S et

$$U^* A V = \begin{pmatrix} A_{11} & A_{12} \\ 0 & A_{22} \end{pmatrix},$$

$$U^* B V = \begin{pmatrix} B_{11} & B_{12} \\ 0 & B_{22} \end{pmatrix}$$

où $A_{11}, B_{11} \in \mathbf{C}^{m \times m}$. On définit

$$\text{dif}(A_{11}, B_{11}; A_{22}, B_{22}) = \min_{\substack{\|X\|_F = 1 \\ \|Y\|_F = 1}} \max\{\Delta(A_{11}, A_{22}), \Delta(B_{11}, B_{22}\}$$

où

$$\Delta(A_{11}, A_{22}) = \|A_{22}Y - XA_{11}\|_F$$

et

$$\Delta(B_{11}, B_{22}) = \|B_{22}Y - XB_{11}\|_F.$$

Maintenant on considère deux matrices unitaires quelconques dans $\mathbf{C}^{n \times n}$:

$$U = (U_1, U_2) \quad \text{et} \quad V = (V_1, V_2)$$

oú $U_1, V_1 \in \mathbf{C}^{n \times m}$. On définit

$$A_{ij} = U_i^* A V_j \quad \text{et} \quad B_{ij} = U_i^* B V_j$$

et pour X, Y donnés dans $\mathbf{C}^{(n-m) \times m}$:

$$U_1' = (U_1 + U_2 X)(II + X^* X)^{-1/2},$$
$$U_2' = (U_2 - U_1 X^*)(I + XX^*)^{-1/2},$$
$$V_1' = (V_1 + V_2 Y)(I + Y^* Y)^{-1/2},$$
$$V_2' = (V_2 - V_1 Y^*)(I + YY^*)^{-1/2}.$$

ii) Démontrer que $U' = (U_1', U_2')$ et $V' = (V_1', V_2')$ sont unitaires.

iii) Démontrer que $U_1^* A V_1' = U_2^* B V_1' = 0$ si et seulement si (X, Y) satisfait aux conditions:

$$A_{22}Y - XA_{11} = XA_{12}Y - A_{21},$$
$$B_{22}Y - XB_{11} = XB_{12}Y - B_{21}.$$

Soient les constantes

$$\gamma = \max\{\|A_{21}\|_F, \|B_{21}\|_F\},$$
$$\delta = \text{dif}(A_{11}, B_{11}; A_{22}, B_{22}),$$
$$\nu = \max\{\|A_{12}\|_2, \|B_{12}\|_2\}.$$

iv) Démontrer que si

$$\frac{\gamma\nu}{\delta^2} < \frac{1}{4}$$

alors il existe X, Y dans $\mathbf{C}^{(n-m) \times m}$ tels que V_1' est la base d'un sous-espace de déflation. Démontrer que $\mathrm{sp}(A, B)$ est l'union disjointe de $\mathrm{sp}(A_{11} + A_{12}Y, B_{11} + B_{12}Y)$ et $\mathrm{sp}(A_{22} - XA_{12}, B_{22} - XB_{12})$.

v) En déduire le résultat suivant: Soient $U = (U_1, U_2)V = (V_1, V_2)$ tels que $A_{21} = B_{21} = 0$. Etant données E, F dans $\mathbf{C}^{n \times n}$ on définit

$$E_{ij} = U_i^* E V_j,$$
$$F_{ij} = U_i^* F V_j,$$
$$\varepsilon_{ij} = \max\{\|E_{ij}\|_F, \|F_{ij}\|_F\},$$
$$\gamma = \varepsilon_{21},$$
$$\nu = \max\{\|A_{12}\|_2, \|B_12\|_2\} + \varepsilon_{12},$$
$$\delta = \mathrm{dif}(A_{11}, B_{11}; A_{22}, B_{22}) - (\varepsilon_{11} + \varepsilon_{22}).$$

Alors, si

$$\frac{\gamma\nu}{\delta^2} < \frac{1}{4},$$

il existe X, Y tels que $V_1 + V_2Y$ est une base d'un sous-espace de déflation associé au problème perturbé

$$(A + E)x = \lambda(B + F)x, \qquad x \neq 0$$

et le spectre $\mathrm{sp}(A + E,, B + F)$ est l'union disjointe des spectres

$$\mathrm{sp}(A_{11} + E_{11} + (A_{12} + E_{12})Y, B_{11} + F_{11} + (B_{12} + F_{12})Y)$$

et

$$\mathrm{sp}(A_{22} + E_{22} - X(A_{12} + E_{12}), B_{22} + F_{22} - X(B_{12} + F_{12})).$$

vi) Démontrer que les matrices X, Y des parties iii) et iv) vérifient

$$\max\{\|X\|_F, \|Y\|_F\} < 2\frac{\gamma}{\delta}.$$

5.7.2 [B:52] Soient $A \in \mathbf{R}^{n \times n}$, $B \in \mathbf{R}^{n \times n}$ deux matrices symétriques. On suppose B définie positive. Pour un $x \neq 0$ on considère le quotient de Rayleigh

$$\mu(x) = \frac{x^* A x}{x^* B x}.$$

Etant donné un vecteur x_k on note

$$\mu_k = \mu(x_k),$$
$$C_k = A - \mu_k B.$$

Soit

$$C_k = D_k - E_k - F_k$$

la décomposition de C_k en la diagonale (D_k), la triangulaire inférieure stricte $(-E_k)$ et la triangulaire supérieure stricte $(-F_k)$. Etant donné un paramètre $\omega > 0$ on définit

$$V_k = \omega^{-1} D_k - E_k,$$
$$M_k = I - V_k^{-1} C_k.$$

On considère l'itération

$$x_{k+1} = M_k x_k.$$

i) Montrer que

$$x_{k+1} = x_k - V_k^{-1} r_k$$

où r_k est le résidu défini par

$$r_k = (A - \mu_k B) x_k.$$

ii) Montrer que si

$$0 < \omega < 2$$

et

$$\mu_0 < \min_i \frac{a_{ii}}{b_{ii}} = \min_i \mu(e_i)$$

alors

$$\lim_{k \to \infty} \hat{r}_k = 0$$

où

$$\hat{r}_k = (A - \mu_k B) \hat{x}_k$$

et

$$\hat{x}_k = \frac{1}{(x_k^* B x_k)^{1/2}} x_k.$$

5.7.3 [**D**] Soit B régulière et $B^* B = LL^*$ la factorisation de Cholesky de $B^* B$. Montrer que

$$Ax = \lambda Bx \quad \Longleftrightarrow \quad L(\tilde{C} - \lambda I) L^* x = \lambda x$$

où $\tilde{C} = L^{-1} B^* A L^{-*}$.

5.7.4 [B:51] On suppose que $A \in \mathbf{C}^{m \times n}$ et $B \in \mathbf{C}^{m \times n}$ sont telles que

$$\operatorname{Ker} A \cap \operatorname{Ker} B = \{0\}$$

et que $n \leq m$. On définit, pour $x \in \mathbf{C}^n$ tel que $Bx \neq 0$,

$$F(x) = \frac{1}{2}\|Ax - \rho(x)Bx\|_2^2$$

où

$$\rho(x) = \frac{x^* B^* A x}{x^* B^* B x}.$$

i) Démontrer que le gradient de F au point x est

$$\nabla F(x) = (A - \rho(x)B)^* (A - \rho(x)B)x.$$

La méthode du gradient pour minimiser F est définie par

$$x_{k+1} = x_k + g(x_k) \qquad k = 0, 1...$$

où

$$g(x_k) = \begin{cases} \dfrac{-2F(x_k)}{\|\nabla F(x_k)\|_2^2}\nabla F(x_k) & \text{si } \|\nabla F(x_k)\|_2 \neq 0 \\ 0 & \text{si } \|\nabla F(x_k)\|_2 = 0 \\ 0 & \text{si } Bx_k = 0. \end{cases}$$

ii) Démontrer que

$$\|x_{k+1}\|_2^2 = \|x_k\|_2^2 - \|g(x_k)\|_2^2.$$

iii) Etudier la convergence de la suite x_k.

5.8 Méthode de Newton et itération du quotient de Rayleigh.

5.8.1 [B:40] Soit A' une matrice voisine d'une matrice A. Supposons que l'on connaît une valeur propre simple non nulle λ' de A', un vecteur propre ϕ' à droite et un vecteur propre ψ' à gauche tels que $\|\phi'\|_2 = \psi'^* \phi' = 1$, donc $P' = \phi'\psi'^*$ est la projection spectrale et

$$S' = \lim_{z \to \lambda'} (I - P')(A' - zI)^{-1},$$

la résolvante réduite associée. On définit l'algorithme suivant:

$$\phi_0 = \phi',$$
$$\lambda_k = \psi'^* A\phi_k,$$
$$\phi_{k+1} = \frac{1}{\lambda_k}A\phi_k + S'A(\phi_k - \frac{1}{\lambda_k}A\phi_k) \qquad k = 0, 1, ...$$

i) Etudier la convergence de cette méthode.

ii) Démontrer que la suite ϕ_k vérifie

$$\psi'^* \phi_k = 1 \quad k = 0, 1, \ldots$$

iii) Interpréter cette méthode comme une méthode de la puissance avec correction du résidu.

iv) Interpréter cette méthode dans l'optique d'une méthode de Newton modifiée.

5.8.2 **[D]** Soit ϕ tel que $\|\phi\|_2 = 1$ et $A\phi = \lambda B\phi$. On suppose qu'il existe ψ_0 tel que $\psi_0^* B\phi = 1$. Etudier la convergence de la méthode de Newton sur l'équation

$$Ax - \psi_0^* AxBx = 0.$$

5.9 Méthodes de Newton modifiées et itérations inverses simultanées.

5.9.1 **[A]** On utilise les notations du Lemme 5.9.2 (page 154 Volume de Cours). Comparer $\|(\underline{B}, B)^{-1}\|_F$ à $\|(\underline{B} - \sigma I)^{-1}\|_2$ lorsque $\sigma \to \lambda$.

5.9.2 **[A]** On considère le Lemme 5.9.3 (page 154 Volume de Cours). Démontrer que la différence entre les valeurs singulières de la matrice K et celles de Π est de l'ordre de $\epsilon^{1/2}$.

5.9.3 **[A]** On considère la Proposition 5.9.7 (page 157 Volume de Cours). Soient σ_i^2 les valeurs propres de $F^* F$. Démontrer que

$$\sigma_i^2 = O(\eta^{1/\ell}).$$

5.9.4 **[C]** Soit la matrice

$$A = \begin{pmatrix} 2 & 0 & 0 \\ 0 & 1 & 1 \\ 0 & 0 & 1 \end{pmatrix}.$$

Soit M le sous-espace invariant associé à la valeur défective $\lambda = 1$: $M = \text{lin} X$, où $X = (e_2, e_3)$. On prend $Y = X$ dans la méthode (2.11.1) (page 157 Volume de Cours). Comme base de départ on utilise

$$U = \begin{pmatrix} 0 & 0 \\ 1 & 0 \\ \epsilon & 1 \end{pmatrix}.$$

i) Montrer que $\|U - X\|_2 = O(\epsilon)$.

ii) Montrer que $\tilde{B} = Y^* AU$ est diagonalisable.

iii) Soit W la base des vecteurs propres de $\tilde{B}$. Montrer que

$$\text{cond}_2(W) = O(\epsilon^{-1/2}).$$

6
Méthodes numériques pour matrices de grande taille

6.1 Principe des méthodes.

6.1.1 [A] Soient Π_ℓ, G_ℓ et $\mathcal{A}_\ell$ les objets mathématiques définis dans la section 6.1 (page 161 Volume de Cours). Soit $A_\ell = \Pi_\ell A$. Démontrer que $\mathcal{A}_\ell$ et A_ℓ ont les mêmes valeurs propres non nulles.

6.1.2 [B:4] Soit $N > n$. Considérons trois matrices $a_\alpha \in \mathbf{C}^{n \times n}$, $a_\beta \in \mathbf{C}^{N \times n}$ et $a_\gamma \in \mathbf{C}^{n \times N}$ telles que

$$a_\alpha = a_\beta p = r a_\gamma$$

où $p \in \mathbf{C}^{N \times n}$ et $r \in \mathbf{C}^{n \times N}$ sont telles que

$$rp = I_n.$$

On définit les matrices carrées de taille N :

$$A_\alpha = p a_\alpha r, \quad A_\beta = p a_\beta \text{ et } A_\gamma = a_\gamma r.$$

Soit μ une valeur propre non nulle de a_α dont la multiplicité algébrique est m. Soit $u \in \mathbf{C}^{n \times m}$ une base du sous-espace invariant à droite et $v \in \mathbf{C}^{n \times m}$ une base du sous-espace invariant à gauche, telles que $v^* u = I_m$. On définit

$$\sigma = v^* a_\alpha u \text{ et } \pi = pr.$$

Soit s_α la résolvante réduite par bloc de a_α associée à la valeur propre μ. Soit $r_\alpha(z)$ l'opérateur inverse de $y \mapsto a_\alpha y - yz$ où $z \in \mathbf{C}^{m \times m}$ est une matrice donnée dont le spectre et celui de a_α sont disjoints.

i) Démontrer que σ est régulière.

ii) Démontrer que pour tout $x \in \mathbf{C}^{n \times m}$ on a

$$s_\alpha(x) = \lim_{z \to \sigma} r_\alpha(z)((I_m - uv^*)x).$$

iii) Démontrer que μ est une valeur propre de multiplicité algébrique m des matrices A_α, A_β et A_γ.

iv) Obtenir les projections spectrales pour A_α, A_β et A_γ en fonction de a_α, a_β, a_γ, p, r, u et v.

v) Démontrer que les résolvantes réduites par bloc de A_α, A_β et A_γ associées à μ sont données, pour tout $X \in \mathbf{C}^{N \times m}$, par les formules

$$S_\alpha(X) = ps_\alpha(rX) - (I_N - \pi)X\sigma^{-1},$$
$$S_\beta(X) = (ps_\alpha(a_\beta X) - (I_N - pu\sigma^{-1}v^*a_\beta)X)\sigma^{-1},$$
$$S_\gamma(X) = (a_\gamma s_\alpha(rX) - (I_N - a_\gamma u\sigma^{-1}v^*r)X)\sigma^{-1},$$

respectivement.

6.2 La méthode d'itération de sous-espace revisitée.

6.2.1 [A] Etudier la constante $\|C^\ell\|_2$ du Lemme 6.2.1. (page 163, Volume de Cours) lorsque la matrice A n'est pas diagonalisable.

6.2.2 [D] On reprend la notation de l'exercice 6.1.2.

   i) Démontrer que la base du sous-espace invariant à droite de A_γ, associé à μ, peut être obtenue à partir de celle de A_α par une itération de point fixe sur cette dernière matrice.

   ii) Etudier la convergence des éléments propres de A_γ en tant qu'approximations de ceux de A.

6.2.3 [A] Démontrer le Théorème 6.2.4 (page 165 Volume de Cours), où l'on suppose $|\mu_i| > |\mu_{i+1}|$.

6.2.4 [A] Démontrer que la matrice Q_k construite par l'algorithme (5.2.1) (page 135 Volume de Cours) est une base du sous-espace $A^k S$.

6.2.5 [A] Démontrer par récurrence que la matrice Δ_ℓ du Théorème 6.2.6 (page 166 Volume de Cours) est bloc-diagonale.

6.3 La méthode de Lanczos.

6.3.1 [**A**] Démontrer que si le sous-espace de Krylov K_ℓ dans la méthode de tridiagonalisation de Lanczos est de dimension $< \ell$ alors on se ramène à deux problèmes de valeurs propres de taille $< n$.

6.3.2 [**D**] Démontrer que la base V_n construite par la méthode de Lanczos (page 167 Volume de Cours) est une base orthonormale.

6.3.3 [**A**] Soit $(u_1, ..., u_n)$ une base d'un espace vectoriel S de dimension n. Les vecteurs $\hat{y}_j$ construits par l'algorithme de Gram-Schmidt sont définis par

$$y_1 = u_1,$$

$$\hat{y}_j = \frac{1}{\|\hat{y}_j\|_2} y_j,$$

$$y_{j+1} = u_{j+1} - \sum_{i=1}^{j} (\hat{y}_i^* u_{j+1}) y_i.$$

Démontrer qu'ils forment une base orthonormale de S.

On considère maintenant le sous-espace de Krylov K engendré par

$$u_1 = v_1,$$

$$u_j = A^{j-1} v_1 \quad j = 2, ..., n$$

où v_1 est tel que $\|v_1\|_2 = 1$.

Soient x_j les vecteurs de la base construite par l'algorithme de Lanczos (page 167 Volume de Cours) et y_j les vecteurs obtenus par orthonormalisation de Gram-Schmidt.

Montrer que pour $j = 1, 2, ..., n$ il existe θ_j réel non négatif tel que

$$y_j = \theta_j x_j.$$

En déduire que les bases orthonormales de Lanczos et de Gram-Schmidt coincident. Pourquoi l'algorithme de Lanczos est-il préférable en arithmétique à précision finie ?

6.3.4 [**D**] On garde la notation du Lemme 6.3.1 (page 168 Volume de Cours). Montrer que la méthode de Lanczos appliquée à A ou à A' produit la même matrice $\pi_\ell A \pi_\ell$.

6.3.5 [**D**] On propose ici un généralisation de la méthode de Lanczos au cas d'une matrice non hermitienne, A.

Soient v_1, w_1 tels que $w_1^* v_1 = 1$.

On définit $\delta_1 = \beta_1 = 0$; $w_0 = v_0 = 0$.
Pour $j = 1, 2, ..., \ell$ faire

$$\alpha_j = w_j^* A v_j,$$

$$\tilde{v}_{j+1} = A v_j - \alpha_j v_j - \beta_j v_{j-1},$$

$$\tilde{w}_{j+1} = A^* w_j - \bar{\alpha}_j w_j - \delta_j w_{j-1},$$

$$\delta_{j+1} = |\tilde{w}_{j+1}^* \tilde{v}_{j+1}|^{1/2},$$

$$\beta_{j+1} = \tilde{w}_{j+1}^* \tilde{v}_{j+1} / \delta_{j+1},$$

$$w_{j+1} = \tilde{w}_{j+1} / \bar{\beta}_{j+1},$$

$$v_{j+1} = \tilde{v}_{j+1} / \delta_{j+1}.$$

i) Démontrer que

$$\bar{\delta}_{j+1} \beta_{j+1} = \tilde{w}_{j+1}^* \tilde{v}_{j+1}.$$

ii) Démontrer que si $\|v_1\|_2 = \|w_1\|_2$ alors

$$\|v_i\|_2 = \|w_i\|_2 \qquad i = 1, 2, ..., \ell.$$

Soient

$$V_\ell = (v_1, ..., v_\ell),$$

$$W_\ell = (w_1, ..., w_\ell),$$

$$\mathcal{K}_\ell(A, v_1) = \lin(v_1, A v_1, ..., A^{\ell-1} v_1),$$

$$\mathcal{K}_\ell(A^*, w_1) = \lin(w_1, A^* w_1, ..., (A^*)^{\ell-1} w_1),$$

$$T_\ell = \begin{pmatrix} \alpha_1 & \beta_1 & 0 & \cdots & 0 \\ \bar{\delta}_2 & \alpha_2 & \beta_3 & \cdots & \vdots \\ 0 & \cdots & \ddots & \cdots & 0 \\ \vdots & \vdots & \vdots & \ddots & \beta_m \\ 0 & \cdots & 0 & \bar{\delta}_m & \alpha_m \end{pmatrix}.$$

iii) Démontrer que si l'algorithme aboutit au $\ell^{i\grave{e}me}$ pas ($\delta_{j+1} \neq 0$, $j = 1, 2, ..., \ell$) alors

$$W_\ell^* V_\ell = I_\ell,$$

$$\lin V_\ell = \mathcal{K}_\ell(A, v_1),$$

$$\lin W_\ell = \mathcal{K}_\ell(A^*, w_1),$$

$$A V_\ell = V_\ell T_\ell + \bar{\delta}_{\ell+1} v_{\ell+1} e_\ell^*,$$

$$A^* W_\ell = W_\ell T_\ell^* = \bar{\beta}_{\ell+1} w_{\ell+1} e_\ell^*,$$

$$T_\ell = W_\ell^* A V_\ell.$$

iv) Que se passe-t-il si $\delta_{j+1} = 0$?

v) Interpréter la matrice T_ℓ en tant que représentation de l'application linéaire A.

6.3.6 [A] Estimer les constantes dans les bornes données au Théorème 6.3.4. (page 171 Volume de Cours).

6.3.7 [B:45] On suppose que les calculs se font en arithmétique à précision finie avec une erreur machine de l'ordre de ϵ. Alors les formules de récurrence (6.3.1) (page 173 Volume de Cours) deviennent

$$AV_\ell = V_\ell T_\ell + b_{\ell+1} v_{\ell+1} e_\ell^T + F_\ell,$$
$$V_\ell^* V_\ell = L_\ell + I + L_\ell^*,$$

L_ℓ étant triangulaire inférieure. On supposera qu'il y a orthogonalité locale:

$$v_\ell \quad \perp \quad \text{lin}(v_{\ell-1}, v_{\ell-2})$$

de façon à ce que la diagonale et la première sous-diagonale de L_ℓ soient nulles. On suppose, finalement, que

$$\|F_\ell\|_2 \le \epsilon \|A\|_2.$$

i) Montrer que

$$\|e_{\ell+1}^T L_{\ell+1}\|_2 = \|v_{\ell+1}^T V_\ell\|_2 = \|v_{\ell+1}^T X_\ell\|_2.$$

ii) Montrer que la i-ème colonne $x_i^{(\ell)}$ de X_ℓ vérifie

$$x_i^{(\ell)T} v_{\ell+1} = \frac{\gamma_{ii}}{\beta_{i\ell}} \quad i = 1, 2, ..., \ell$$

où

$$\gamma_{ik} = \xi_i^{(\ell)T} K_\ell \xi_i^{(\ell)}$$

K_ℓ étant la partie strictement triangulaire de $F_\ell^T V_\ell - V_\ell^T F_\ell$.

iii) Montrer que $\|K_\ell\|_2 = O(\epsilon \|A\|_2)$.

iv) Montrer que les relations

$$\gamma_{ii} = O(\epsilon \|A\|_2) \quad \text{et} \quad x_i^{(\ell)T} v_{\ell+1} \sim 1$$

entrainent

$$\beta_{i\ell} = O(\epsilon \|A\|_2).$$

En déduire que *"la perte d'orthogonalité entraine la convergence"*.

6.3.8 [D] Avec la notation de l'exercice 6.3.7,

i) Démontrer que pour $i \neq k$ et $i, k < \ell$:

$$(\lambda_i^{(\ell)} - \lambda_k^{(\ell)}) x_i^{(\ell)T} x_k^{(\ell)} = \gamma_{ii} \frac{\xi_{\ell k}}{\xi_{\ell i}} - \gamma_{kk} \frac{\xi_{\ell i}}{\xi_{\ell k}} - (\gamma_{ik} - \gamma_{ki}).$$

ii) En déduire que les vecteurs de Ritz $x_i^{(\ell)}$ et $x_k^{(\ell)}$ qui ne sont pas de bonnes approximations de vecteurs propres x_i et x_k respectivement (car $\xi_{\ell i}$ et $\xi_{\ell k}$ sont trop grands) sont orthogonaux à la précision machine.

6.3.9 [B:58] Etant donnée une matrice symétrique réelle $A = (a_{ij})$ de taille n on se donne un vecteur $v_1^{(1)}$ quelconque, tel que $\|v_1^{(1)}\|_2 = 1$, et un entier $k_0 << n$.

Soit la fonction

$$\Omega \subseteq \mathbf{R} \to \mathbf{R}^{n \times n}$$
$$\lambda \mapsto C(\lambda).$$

On considère l'algorithme suivant:

$V_1^{(1)} = (v_1^{(1)})$,

Pour $\ell = 1, 2, \ldots$ faire:

Pour $k = 1, 2, \ldots, k_0$ faire:

1) $W_k^{(\ell)} = A V_k^{(\ell)}$,

2) $H_k^{(\ell)} = V_k^{(\ell)T} W_k^{(\ell)}$.

3) Calculer une valeur propre $\lambda_k^{(\ell)}$ de $H_k^{(\ell)}$

et un vecteur propre associé $y_k^{(\ell)}$ de norme 1.

4) $x_k^{(\ell)} = V_k^{(\ell)} y_k^{(\ell)}$,

5) $r_k^{(\ell)} = (A - \lambda_k^{(\ell)} I) x_k^{(\ell)}$.

Si $\|r_k^{(\ell)}\|_2$ est assez petit alors terminer.

Sinon :

6) $t_k^{(\ell)} = C(\lambda_k^{(\ell)}) r_k^{(\ell)}$,

7) $w_k^{(\ell)} = (I - V_k^{(\ell)} V_k^{(\ell)T}) t_k^{(\ell)}$.

Si $\|w_k^{(\ell)}\|_2$ est assez petit alors

$$w_{k+1}^{(\ell)} = r_k^{(\ell)}.$$

8) $v_{k+1}^{(\ell)} = \dfrac{1}{\|w_{k+1}^{(\ell)}\|_2} w_{k+1}^{(\ell)}$,

9) $V_{k+1}^{(\ell)} = (V_k^{(\ell)}, v_{k+1}^{(\ell)})$,

$\qquad k \leftarrow k+1$.

$V_1^{(\ell+1)} = x_{k_0}^{(\ell)}$,

$\ell \leftarrow \ell + 1$.

Démontrer les inégalités suivantes

$$\|V_k^{(\ell)}\|_2 = 1,$$
$$\|H_k^{(\ell)}\|_2 \leq \|A\|_2,$$
$$\|x_k^{(\ell)}\|_2 = 1,$$
$$\lambda_k^{(\ell)} \leq \lambda_{\max}(A) \text{ la plus grande valeur propre de } A,$$
$$\|r_k^{(\ell)}\|_2 \leq \|A\|_2.$$

6.3.10 [D] On considère l'algorithme de l'exercice 6.3.9. Démontrer que

i) $V_k^{(\ell)} V_k^{(\ell)}$ est une projection orthogonale pour tout ℓ et k.

ii) Si $\lambda \mapsto C(\lambda)$ est continue sur un compact contenant le spectre de A alors $t_k^{(\ell)}$ est suite bornée par rapport à ℓ et à k.

6.3.11 [D] On étudie la convergence de l'algorithme proposé dans l'exercice 6.3.9 lorsque $\lambda_k^{(\ell)}$ est la plus grande valeur propre de la matrice $H_k^{(\ell)}$.

i) Montrer que la suite $(\lambda_k^{(\ell)})_{\ell \in \mathbb{N}}$ est croissante et majorée, pour chaque $k \in \{1, 2, ..., k_0\}$.

ii) Montrer que

$$\lim_{\ell \to \infty} \lambda_k^{(\ell)} = \lambda_{\max}(A)$$

indépendamment de k.

6.3.12 [D] Montrer que si dans l'exercice 6.3.9 $C(\lambda)$ est symétrique définie positive (ou négative) alors les suites $r_1^{(\ell)}$ et $r_{k_0}^{(\ell)}$ convergent vers 0 lorsque ℓ tend vers l'infini.

6.3.13 **[C]** Etudier le comportement de l'algorithme décrit dans l'exercice 6.3.9 lorsque

$$A = \begin{pmatrix} 1 & 0 & 1 \\ 0 & -1 & 0 \\ 1 & 0 & 0 \end{pmatrix},$$

$$C(\lambda) = (\lambda I - D)^{-1},$$

D étant la diagonale de A.

6.3.14 **[B:16,58]** Le choix, dans l'exercice 6.3.9,

$$C(\lambda) = (\lambda I - D)^{-1},$$

D étant la diagonale de A, correspond à l'algorithme dit de Davidson. On suppose que l'objectif visé est le calcul de la plus grande valeur propre de A. Montrer que si $v_1^{(1)}$ est tel que $\lambda_1^{(1)} I - D$ soit définie positive alors l'algorithme converge.

6.3.15 **[B:58]** Soit (λ, v) un couple d'éléments propres de A, λ n'étant pas la plus grande valeur propre de A. Soit $w \in \mathbf{R}^n$ et $\epsilon \neq 0$ un réel. On pose

$$v_\epsilon = v + \epsilon w.$$

i) Montrer que

$$\frac{v_\epsilon^T A v_\epsilon}{\|v_\epsilon\|_2^2} = \lambda + \epsilon^2 \frac{w^T A w - \lambda \|w\|_2^2}{\|v_\epsilon\|_2^2}.$$

On définit

$$S_+ = \{ w \in \mathbf{R}^n \ : \ w^T A w - \lambda \|w\|_2^2 > 0 \},$$
$$S_- = \mathbf{R}^n \setminus S_+.$$

ii) Montrer que S_+ est un cône ouvert non vide.

iii) On considère l'algorithme défini dans l'exercice 6.3.9. Montrer que la convergence de $x_k^{(\ell)}$ vers v ne peut avoir lieu que si

$$x_k^{(\ell)} - v \in S_-.$$

iv) En déduire l'instabilité de la méthode lorsque λ n'est pas la plus grande valeur propre de A.

6.3.16 **[D]** On considère la base $V_k^{(\ell)}$ de l'exercice 6.3.9.

Peut on associer à cette base un sous-espace de Krylov ?

6.3.17 [A] On considère l'algorithme de Davidson classique (voir les exercices 6.3.9 et 6.3.14) appliqué sur une matrice réelle, symétrique, creuse $A = (a_{ij})$. Soit i_0 un indice tel que

$$a_{i_0 i_0} = \max_i a_{ii}$$

et soit j_0 un indice tel que

$$a_{i_0 j_0} \neq 0.$$

i) Que se passe-t-il si un tel j_0 n'existe pas ?

Soient

$$v_1^{(1)} = e_{i_0},$$
$$v_2^{(1)} = e_{j_0}.$$

ii) Expliciter la matrice $H_2^{(1)}$.

iii) En déduire la convergence de l'algorithme.

6.3.18 [B:61] Soit A une matrice réelle symétrique définie positive d'ordre n. On considère pour la résolution du problème $Ax = b$ les deux méthodes suivantes:

Méthode de Lanczos:

$$x_0 \in \mathbf{R}^n \text{ donné.}$$
$$r_0 = b - Ax_0,$$
$$q_{-1} = 0,$$
$$\delta_0 = \|r_0\|_2,$$
$$u_{-1} = r_0.$$
$$\text{Pour } k = 0, 1, 2, \ldots$$
$$\text{Si } \delta_k = 0 \text{ terminer.}$$
$$\text{Sinon } q_k = u_{k-1}/\delta_k,$$
$$\gamma_k = q_k^T A q_k,$$
$$u_k = A q_k - \gamma_k q_k - \delta_k q_{k-1},$$
$$\delta_{k+1} = \|u_k\|_2.$$

Méthode du Gradient Conjugué:

$x_0 \in \mathbf{R}^n$ donné.

$r_0 = d_0 = b - A x_0,$

Pour $k = 0, 1, 2, \ldots$

Si $d_k = 0$ terminer: $x = x_k$ est la solution de $Ax = b$.

Sinon $\sigma_k = \dfrac{\|r_k\|_2^2}{d_k^T A d_k},$

$x_{k+1} = x_k + \sigma_k d_k,$

$r_{k+1} = r_k - \sigma_k A d_k,$

$\beta_k = \dfrac{\|r_{k+1}\|_2^2}{\|r_k\|_2^2},$

$d_{k+1} = r_{k+1} + \beta_k d_k.$

Soit d le nombre de valeurs propres distinctes de A.

i) Démontrer l'existence d'un entier $m \leq d$ tel que $d_m = 0$.

ii) Démontrer que les vecteurs $d_0, \ldots, d_m$ sont linéairement indépendants.

iii) Démontrer que

$$\lin(d_0, \ldots, d_k) = \lin(r_0, A r_0, \ldots, A^k r_0)$$
$$= \lin(r_0, r_1, \ldots, r_k) \qquad 0 \leq k \leq m-1,$$
$$x_m = x.$$

iv) Démontrer les propriétés suivantes:

$$d_i^T A d_j = 0 \qquad 0 \leq i < j < m,$$
$$r_i^T r_j = 0 \qquad 0 \leq i < j \leq m,$$
$$\|r_i\|_2 > 0 \qquad 0 \leq i < m,$$
$$d_i^T r_j = \begin{cases} 0 & \text{si } 0 \leq i < j \leq m \\ \|r_i\|_2^2 & \text{si } 0 \leq j \leq i \leq m. \end{cases}$$

v) Démontrer que σ_k réalise le minimum de la fonction

$$g_k(\sigma) = (x_k - x + \sigma d_k)^T A (x_k - x + \sigma d_k).$$

Soit la matrice tridiagonale symétrique

$$\begin{pmatrix} \gamma_0 & \delta_1 & & 0 \\ \delta_1 & \gamma_1 & \ddots & \\ & \ddots & \ddots & \delta_{k-1} \\ 0 & & \delta_{k-1} & \gamma_{k-1} \end{pmatrix}$$

et soient

$$D_k = \text{diag}(\sigma_0^{-1}, ..., \sigma_{k-1}^{-1}),$$
$$Q_k = (q_0, ..., q_{k-1}),$$
$$\tau_j = -\sqrt{\beta_j}, \quad 0 \le j \le k-1,$$

$$L_k = \begin{pmatrix} 1 & 0 & \cdots & & & 0 \\ \tau_0 & 1 & 0 & & & \vdots \\ 0 & \tau_1 & 1 & & & \\ & & \ddots & \ddots & & 0 \\ 0 & & & & \tau_{k-1} & 1 \end{pmatrix}.$$

vi) Démontrer les relations suivantes

$$AQ_- Q_k T_k = \delta_k q_k e_k^T,$$
$$Q_k^T Q_k = I_k,$$
$$Q_k^T q_k = 0,$$
$$T_k = L_k D_k L_k^T$$

et en déduire les relations entre les paramètres γ_i, δ_i, β_i et σ_i.

vii) Montrer que l'itéré x_k de la méthode du gradient conjugué peut être obtenu à partir de la méthode de Lanczos par

$$x_k = x_0 + \|r_0\|_2 Q_k T_k^{-1} e_1.$$

viii) Proposer une méthode fondée sur la factorisation de Cholesky de T_k pour le calcul de $x_k - x_0$.

6.3.19 [**A**] Lors de la démonstration du théorème 6.3.4 (page 171 Volume de Cours) il faut faire la correction

$$x_\ell^* x = x_\ell^* x_\ell = \cos^2 \theta_\ell.$$

Reprendre la démonstration du théorème 6.3.4.

6.4 La méthode de Lanczos par bloc.

6.4.1 [**D**] Retrouver le Théorème 6.3.3. (page 170 Volume de Cours) à partir du Théorème 6.4.3 (page 176 Volume de Cours) lorsque $r = 1$ et que les valeurs propres sont distinctes.

6.4.2 **[D]** Peut-on faire une généralisation de la méthode de Lanczos par bloc au cas d'une matrice non hermitienne en reprennant les idées de l'exercice 6.3.5?

6.5 Le problème généralisé.

6.5.1 **[B:46]** On considère le problème

$$(K - \lambda M)z = 0, \qquad z \neq 0$$

dans le cas où K est réelle, symétrique, définie positive et

$$M = \text{diag}(M_+, 0),$$

M_+ étant réelle, symétrique, définie positive. La structure de M induit une partition de K et z :

$$K = \begin{pmatrix} K_{11} & K_{12} \\ K_{12}^T & K_{22} \end{pmatrix},$$

$$z = \begin{pmatrix} z_1 \\ z_2 \end{pmatrix}.$$

i) Montrer que le problème original s'écrit

$$(K_{11} - \lambda M_+)z_1 + K_{12}z_2 = 0$$
$$K_{12}^T z_1 + K_{22}z_2 = 0.$$

ii) Montrer que l'on peut supposer K_{22} régulière.

iii) Montrer que z_1 est un vecteur propre de la matrice

$$H_{11} = K_{11} - K_{12}K_{22}^{-1}K_{12}^T.$$

iv) Montrer que z_2 est complètement déterminé par z_1, K_{12} et K_{22}.

6.5.2 **[D]** Généraliser l'étude faite dans l'exercice 6.5.1 au cas d'une matrice M réelle, symétrique, semi-définie.

6.5.3 **[D]** Soit le problème $Kx = \lambda Mx$ où K et M sont symétriques, K est régulière et M semi-définie positive singulière. Soit X la base des vecteurs propres normalisée par $X^T M X = I$.

i) Que donne l'itération inverse

$$(K - \sigma M)z = My_k, \qquad y_{k+1} = z/\|z\| \quad ?$$

ii) Utiliser l'exercice 1.13.2 pour montrer que, pour y quelconque et

$$z = (K - \sigma M)^{-1} M y$$

alors, soit

a) $K^{-1}M$ est non défective (0 valeur propre d'indice 1) et

$$z \in \lim X = \operatorname{Im} X;$$

soit

b) $K^{-1}M$ est défective (0 valeur propre d'indice 2) et

$$(K - \sigma M)^{-1} M z \in \operatorname{Im} X.$$

iii) En déduire que, quel que soit le vecteur de départ y_0, après deux itérations au plus, les y_k sont dans $\operatorname{Im} X$ et tout se passe comme si M était régulière.

6.6 La méthode d'Arnoldi.

6.6.1 **[D]** Démontrer que H_ℓ réprésente l'application $\mathcal{A}_\ell$ dans la base orthonormale $\{v_i\}_1^\ell$, ces objets mathématiques étant définis par l'algorithme d'Arnoldi (6.6.1) (page 180 Volume de Cours).

6.6.2 **[D]** On utilise la méthode d'Arnoldi pour approcher la valeur propre λ_1. Etablir le taux de convergence si le reste du spectre est réel.

6.6.3 **[A]** Démontrer que dans la Proposition 6.6.5 (page 185 Volume de Cours) l'application $\mathcal{A}_\ell$ est représentée par la matrice $\tilde{H}_\ell = G_\ell^{-1} B_\ell$ dans la base W_ℓ.

6.6.4 **[A]** On considère l'algorithme (6.6.2) (page 185 Volume de Cours). La méthode d'Arnoldi avec orthogonalisation incomplète sans la correction $r_\ell e_\ell^T$ consiste à utiliser les éléments propres de la matrice $\tilde{H}_\ell$ pour calculer les éléments de Ritz de A dans $\mathcal{K}_\ell$. Etudier les bornes d'erreur correspondantes.

6.6.5 **[A]** Reprendre la démonstration du théorème 6.6.3 (page 183 Volume de Cours) à partir de la nouvelle démonstration du théorème 6.3.4 (page 171 Volume de Cours) donnée à l'exercice 6.3.19.

6.7 Projections obliques.

6.7.1 **[A]** On considère l'approximation de Petrov définie par (6.7.1) (page 186 Volume de Cours). Démontrer que la projection orthogonale $\bar{\omega}_\ell$ sur G_ℓ^2 définit une projection oblique π' sur G_ℓ^1 si $\omega(G_\ell^1, G_\ell^2) < 1$.

6.7.2 **[D]** Etudier l'approximation de Petrov lorsque $G_\ell^2 = AG_\ell^1$.

6.7.3 **[D]** Montrer que les méthodes d'orthogonalisation incomplète et d'agrégation/desagrégation pour une chaîne de Markov sont des méthodes de projection oblique.

7
Méthodes d'itérations de Tchébycheff

7.1 Eléments de théorie de l'approximation uniforme sur un compact de C.

7.1.1 [A] Soit S un compact de $\mathbf{C}, C(S)$ l'ensemble des fonctions continues sur S à valeurs dans $\mathbf{C}, V$ un sous-espace de $C(S)$ de dimension k. Démontrer que

$$\forall f \in C(S) \quad \exists v^* \in V \text{ tel que}$$
$$\|f - v^*\|_\infty \leq \|f - v\|_\infty \quad \forall v \in V$$

où $\| \ \|_\infty$ est la norme uniforme sur $C(S)$:

$$\|f\|_\infty = \max_{z \in Z} |f(z)| \quad \forall f \in C(S).$$

7.1.2 [D] On considère le système (7.1.2) (page 192 Volume de Cours). On corrigera la formule des polynômes de Lagrange de degré k. Ils sont donnés par

$$\ell'_j(z) = \prod_{1 \leq l \neq j \leq k+1} \frac{z - \lambda_l}{\lambda_j - \lambda_l}.$$

Montrer que le nombre β_j est donné par

$$\beta_j = \ell'_j(\lambda).$$

7.1.3 [B:49] On considère le *Polynôme Fondamental d'Interpolation* d'une fonction $f : [-1, 1] \to \mathbf{R}$ aux points $x_j \in [-1, 1]$ $(1 \leq j \leq k)$:

$$L_{k-1}(x) = \sum_{j=1}^{k} f(x_j)\ell_j(x)$$

où ℓ_j sont les polynômes de Lagrange de degré $k - 1$. Soit p_{k-1}^* une meilleure approximation de f dans P_{k-1}. On définit

$$\rho_k = \|f - L_{k-1}\|_\infty \,,$$
$$\epsilon_k = \|f - p_{k-1}^*\|_\infty \,.$$

Montrer que

$$\rho_k \leq \epsilon_k \left(1 + \max_{-1 \leq x \leq 1} \sum_{j=1}^{k} |\ell_j(x)|\right).$$

7.1.4 [D] Montrer que la condition de Haar est équivalente à la condition d'interpolation

$$\det(\omega_j(\lambda_i)) \neq 0.$$

7.2 Polynômes de Tchébycheff de la variable réelle.

7.2.1 [C] Montrer que les cinq premiers polynômes de Tchébycheff sont

$$T_0(t) = 1,$$
$$T_1(t) = t,$$
$$T_2(t) = 2t^2 - 1,$$
$$T_3(t) = 4t^3 - 3t,$$
$$T_4(t) = 8t^4 - 8t + 1.$$

7.2.2 [B:49] Montrer que les polynômes de Tchébycheff vérifient

$$T_k(t) = 2tT_{k-1}(t) - T_{k-2}(t),$$
$$T_0(t) = 1,$$
$$T_1(t) = t.$$

En déduire que T_k est de degré k et que le coefficient de t^k dans $T_k(t)$ est 2^k.

7.2.3 [C] Montrer que les polynômes de Tchébycheff vérifient

$$\int_{-1}^{1} T_l(t)T_k(t)\frac{dt}{\sqrt{1-t^2}} = \begin{cases} 0 & \text{si } l \neq k \\ \pi/2 & \text{si } l = k \neq 0 \\ \pi & \text{si } l = k = 0. \end{cases}$$

7.2.4 [D] Montrer que les polynômes de Tchébycheff vérifient

$$(1 - t^2)T_k'(t) = kT_{k-1}(t) - ktT_k(t) \quad k \geq 1,$$
$$(1 - t^2)T_k''(t) = tT_k'(t) - k^2 T_k(t) \quad k \geq 0.$$

7.2.5 [B:49] Montrer que les polynômes de Tchébycheff vérifient

$$\sum_{k=0}^{\infty} T_k(t)s^k = \frac{1 - st}{1 - 2st + s^2}.$$

7.2.6 [D] Démontrer que pour k fixe, t réel et assez grand,

$$T_k(t) \sim \frac{1}{2}(2t)^k.$$

7.2.7 [D] Démontrer que

$$T_k(1 + 2\epsilon) \sim \frac{1}{2}e^{2k\sqrt{\epsilon}} \text{ si } \epsilon > 0 \text{ est assez petit et } k > \frac{1}{\sqrt{\epsilon}},$$
$$T_k\left(\omega + \frac{1}{\omega}\right) \sim \frac{1}{2}\omega^k \text{ si } k \text{ est assez grand.}$$

7.3 Polynômes de Tchébycheff de la variable complexe.

7.3.1 [D] On définit
$$T_k(z) = \text{ch}(k\text{Argch } z).$$

Etudier cette définition à l'aide de la fonction

$$\tau : (x, y) \mapsto (\text{ch} x \cos y, \text{sh} x \sin y).$$

7.3.2 [D] A l'aide de la définition de $T_k(z)$ donnée à l'exercice 7.3.1 retrouver la définition des polynômes de Tchébycheff de la variable réelle:

$$x > 1 \implies T_k(x) = \text{ch}(k\text{Argch } x),$$
$$x < -1 \implies T_k(x) = (-1)^k \text{ch}(k\text{Argch }(-x)),$$
$$|x| \leq 1 \implies T_k(x) = \cos(k\text{Arcos} x).$$

7.3.3 **[D]** Montrer que les polynômes de Tchébycheff peuvent être définis aussi par

$$T_k(z) = \cos(k \operatorname{Arcos} z).$$

7.3.4 **[A]** Montrer que pour $z \in \mathbf{C}$ les polynômes de Tchébycheff vérifient la relation de récurrence

$$T_{k+1}(z) = 2z T_k(z) - T_{k-1}(z).$$

7.3.5 **[A]** Montrer que $T_k(z)$ a k zéros sur le segment réel $[-1, 1]$.

7.3.6 **[D]** On définit la Transformation de Joukovski par

$$J : \omega \mapsto t = \frac{1}{2}(\omega + \omega^{-1}).$$

Montrer que J transforme le cercle $|\omega| = \rho$ en l'ellipse $E(0, 1, \frac{1}{2}(\rho + \rho^{-1}))$.

7.3.7 **[D]** Démontrer que

$$\frac{t - c}{e} \in E(0, 1, d) \quad \Longrightarrow \quad t \in E(c, e, de).$$

7.3.8 **[D]** Montrer que

$$T_k(z) = \frac{1}{2}(\omega^k + \omega^{-k})$$

où

$$z = \operatorname{ch} \xi \quad \text{et} \quad \omega = e^\xi.$$

7.3.9 **[A]** Montrer que le polynôme $\hat{t}_k$ du théorème 7.3.2 (page 197 Volume de Cours) n'est plus optimal si les paramètres c et a ne sont pas réels.

7.3.10 **[D]** Etudier la limite de

$$Q_k(z) = \frac{T_{k+1}(z)}{T_k(z)} \qquad z \in \mathbf{C}$$

lorsque $k \to \infty$.

7.3.11 [D] Montrer que quand l'ellipse $E(c, e, a)$ devient un cercle alors

$$e \to 0 \text{ et } \frac{T_k\left(\frac{z-c}{e}\right)}{T_k\left(\frac{\lambda-c}{e}\right)} \to \left(\frac{z-c}{\lambda-c}\right)^k.$$

7.3.12 [A] Démontrer l'existence et l'unicité du polynôme p^* qui réalise

$$\max_{z \in D} |p^*(z)| = \min_{\substack{p \in \mathbf{P}_k \\ p(\lambda)=1}} \max_{z \in D} |p(z)|$$

où D est un compact du champ complexe ne contenant pas λ.

7.3.13 [D] On considère l'ellipse $E(0, 1, a)$ et le nombre

$$\rho = a + \sqrt{a^2 - 1}.$$

Soit E_λ l'ellipse homofocale passant par λ dont le demi-grand axe est a_λ et soit

$$\rho_\lambda = a_\lambda + \sqrt{a_\lambda^2 - 1}.$$

Démontrer que

$$\frac{\rho^k}{\rho_\lambda^k} \leq \min_{p \in \mathbf{P}_k} \max_{z \in E(0,1,a)} \left|\frac{p(z)}{p(\lambda)}\right| \leq \frac{\rho^k + \rho^{-k}}{\rho_\lambda^k + \rho_\lambda^{-k}}.$$

7.4 Accélération de Tchébycheff sur la méthode de la puissance.

7.4.1 [D] Etudier l'accélération de Tchébycheff sur une matrice défective.

7.4.2 [D] Ecrire l'algorithme de calcul de

$$y_k = \hat{t}_k(A)u \qquad k = 1, 2, \dots$$

que l'on déduit des formules (7.4.2) et (7.4.3) (page 200 Volume de Cours) en remplaçant la valeur propre exacte λ, par une approximation.

7.5 Méthode d'itération de Tchébycheff.

7.5.1 [D] Démontrer que si A est symétrique alors la méthode de Lanczos définie par le sous-espace de Krylov

$$K_{k+1} = \text{lin}(p_k(A), p_k \in \mathbf{P}_k)$$

détermine le vecteur $\hat{u}_k = \hat{t}_k(A)u$, optimal quant à la vitesse de convergence vers le sous-espace propre dominant, sans la connaissance des paramètres c et e de l'ellipse associée à la méthode d'itération de Tchébycheff.

7.5.2 **[A]** Démontrer que pour k grand,

$$\left(\frac{\max\limits_{j>1} |w_j|}{|w_1|} \right)^k \sim \frac{T_k\left(\frac{a}{e}\right)}{T_k\left(\frac{\lambda-c}{e}\right)}.$$

7.5.3 **[D]** On considère la méthode d'itération de Tchébycheff. Montrer que si les valeurs propres de A différentes de λ sont dans le disque d'équation $|z| \leq \rho$ alors on n'améliore pas la convergence de la méthode de la puissance.

7.6 Méthode d'itérations de Tchébycheff simultanées (avec projection).

7.6.1 **[D]** Etudier la validité du Lemme 7.6.1 (page 204 Volume de Cours) lorsque A n'est pas diagonalisable.

7.6.2 **[D]** Comparer le coût des itérations de Tchébycheff simultanées à celui de la méthode d'Arnoldi par bloc.

7.6.3 **[D]** Soient $A \in \mathbf{R}^{n \times n}$, $b \in \mathbf{R}^n$, $\mu_1, ..., \mu_r \in \mathbf{C}$. On cherche $f \in \mathbf{R}^n$ tel que

$$\mu_i \in \mathrm{sp}(A - bf^T) \qquad 1 \leq i \leq r.$$

Soient $Q \in \mathbf{C}^{n \times r}$ une base orthonormale et $R \in \mathbf{C}^{r \times r}$ une matrice triangulaire supérieure telles que

$$A^T Q = QR,$$
$$\lim Q = M_*$$

où M_* est le sous-espace invariant de A^T associé aux valeurs propres $\bar{\lambda}_1, ..., \bar{\lambda}_r$ de A^T de plus grande partie réelle.

i) Proposer un (ou plusieurs) algorithmes pour calculer la base Q de cette factorisation partielle de Schur de A^T.

ii) Montrer que le choix

$$f = Qs \qquad s \in \mathbf{C}^r,$$
$$t = Q^T b$$

ramène le problème posé au problème de taille r suivant:

Trouver $s \in \mathbf{C}^r$ tel que $R^T - ts^T$ admette les valeurs propres $\mu_1, ..., \mu_r$.

Ce problème est étudié dans [B:43,57]: Il s'agit du *placement partiel des pôles* en automatique.

7.7 Détermination des paramètres optimaux.

7.7.1 [B:28,56] Ecrire un algorithme de calcul dynamique des paramètres optimaux pour l'algorithme (7.6.1) (page 203 Volume de Cours) en utilisant les $m - r$ valeurs propres de B_k non retenues.

7.7.2 [B:28,29,30] Soit μ_r complexe. Comparer la résolution approchée de (7.7.2) (page 206 Volume de Cours) à la résolution exacte proposée par Ho Diem dans [B:28].

7.8 Polynômes aux moindres carrés sur un polygône.

7.8.1 [A] Soit x_0 une solution approchée du problème $Ax = b$. A partir d'un ensemble de constantes γ_{ni}, $i = 1, 2, ..., n - 1$ on définit

$$x_n = x_{n-1} + \sum_{i=1}^{n-1} \gamma_{ni} r_i$$

où

$$r_i = b - Ax_i.$$

Soit l'erreur

$$e_i = x - x_i$$

où x est la solution exacte.

i) Démontrer que

$$e_n = P_n(A) e_0$$

P_n étant un polynôme de degré n tel que $P_n(0) = 1$.

On s'intérèsse à une suite de polynômes P_n telle que $\|P_n(A)\|_2$ tende vers zéro aussi vite que possible, lorsque $n \to \infty$.

ii) Démontrer que quand A est diagonalisable alors $\|P_n(A)\|_2 \to 0$ lorsque $n \to \infty$ ssi $\forall \lambda \in \mathrm{sp}(A)$ $|P_n(\lambda)| \to 0$ lorsque $n \to \infty$. On cherche donc le polynôme réalisant (7.8.1) (page 207 Volume de Cours) avec $\lambda = 0$.

iii) Etendre le résultat précédent au cas d'une matrice quelconque, à l'aide de sa forme de Jordan. Etant donné une suite de polynômes P_n on définit le taux de convergence asymptotique associé au point $\lambda \in \mathbf{C}$:

$$r(\lambda) = \lim_{n \to \infty} |P_n(\lambda)|^{1/n}.$$

Considérons le polynôme

$$P_n(\lambda) = \frac{T_n\left(\frac{c-\lambda}{e}\right)}{T_n\left(\frac{c}{e}\right)}.$$

iv) Démontrer que pour ce polynôme P_n on a

$$r(\lambda) = exp(\mathbf{Re}(\cosh^{-1}\left(\frac{c-\lambda}{e}\right) - \cosh^{-1}\left(\frac{c}{e}\right))),$$
$$= \left| \frac{(c-\lambda) + ((c-\lambda)^2 - e^2)^{1/2}}{c + (c^2 - e^2)^{1/2}} \right|.$$

On appelle paramètres optimaux ceux qui minimisent $\max\limits_{\lambda \in \mathrm{sp}(A)} r(\lambda)$.

v) Montrer qu'étant donné (c, e) on aura à calculer la suite

$$x_0 \in \mathbf{R}^n,$$
$$r_0 = b - Ax_0,$$
$$\Delta_0 = \frac{1}{c}r_0,$$
$$x_1 = x_0 + \Delta_0$$

et, à partir de x_n :

$$r_n = b - Ax_n,$$
$$\Delta_n = \alpha_n r_n + \beta_n \Delta_{n-1},$$

où

$$\alpha_1 = \frac{2c}{2c^2 - e^2},$$
$$\beta_1 = c\alpha_1 - 1,$$
$$\alpha_n = (c - (\frac{e}{2})^2 \alpha_{n-1})^{-1},$$
$$\beta_n = c\alpha_{n-1}.$$

7.9 Méthodes hybrides de Saad.

7.9.1 **[A]** Etant donnée une factorisation de Schur $AQ = QR$ correspondante à un ordre fixé sur les valeurs propres, définir une déflation à plusieurs vecteurs.

7.9.2 **[A]** Proposer un algorithme de déflation progressive pour calculer les valeurs propres de plus grande partie réelle.

7.9.3 **[B:29,30]** Proposer un préconditionnement polynômial pour $Ax = b$ favorable à l'utilisation de la méthode du gradient conjugué.

Annexes

SOLUTION DES EXERCICES

1.1.1 Les colonnes de V^{-*} sont la base adjointe des colonnes de V lorsque V est régulière. On remarquera que si V n'est pas carrée alors la base adjointe ou bien n'existe pas ou bien n'est pas unique. Par exemple, si

$$V = \begin{pmatrix} 1 & 0 \\ 0 & 1 \\ 1 & 0 \end{pmatrix}$$

alors il existe au moins les deux bases adjointes suivantes:

$$V_* = \begin{pmatrix} 1 & 0 \\ 0 & 1 \\ 0 & 0 \end{pmatrix} \text{ et } V'_* = \begin{pmatrix} 0 & 0 \\ 0 & 1 \\ 1 & 0 \end{pmatrix}.$$

1.1.6 Le rayon spectral d'une matrice T hermitienne semi-définie positive peut être caractérisé par
$$\rho(T) = \max_{\|x\|_2 = 1} x^* T x.$$
Si l'on pose $T = A^* A$ on trouve

$$\rho(A^* A) = \|A\|_2^2.$$

1.1.7 Si $Q^* Q = I$ alors $\|Q\|_2 = \|Q^{-1}\|_2 = \|Q^*\|_2 = 1$.

1.1.8 Si A est une matrice singulière alors $A^* A$ l'est aussi. Donc 0 est une valeur propre de $A^* A$ et donc une valeur singulière de A. Plus généralement, si $n \geq r$ et $A \in \mathbf{C}^{n \times r}$ a l'une de ses colonnes linéairement dépendante des autres alors A admet une valeur singulière nulle.

1.2.1 Soit

$$r = \dim M = \dim N > \frac{n}{2} \text{ et } t = \dim M \cap N.$$

Alors

$$t \geq 2r - n > 0.$$

Soit $Q \in \mathbf{C}^{n \times r}$ une base orthonormale de M dont les t premières colonnes sont une base de $M \cap N$. Soit $U \in \mathbf{C}^{n \times r}$ une base orthonormale de N dont les t premières colonnes sont celles de Q. Alors

$$U^* Q = \begin{pmatrix} I_t & 0 \\ 0 & W \end{pmatrix}$$

où W est d'ordre $r - t$.

Ceci montre que $U^* Q$ a au moins t valeurs singulières égales à 1 donc il y a au plus $r - t$ angles canoniques non nuls entre M et N. Mais

$$r - t \leq n - r < \frac{n}{2}$$

c'est-à-dire

$$r - t \leq \left[\frac{n}{2} \right].$$

Si l'on pose

$$Q = (V, Q') \text{ et } U = (V, U')$$

avec

$$\text{lin} V = M \cap N$$

et si

$$M' = \text{lin} Q' \text{ et } N' = \text{lin} U'$$

alors

$$M' \cap N' = \{0\}$$
$$M \cap N + M' + N' = M + N$$
$$W = U'^* Q'$$

et les angles canoniques non nuls entre M et N sont ceux entre M' et N'.

1.2.2 Soit $Q \in \mathbf{C}^{n \times m}$ une base orthonormale de M et $U \in \mathbf{C}^{n \times m}$ une base orthonormale de N. Soit θ_1 le plus grand angle canonique entre M et N et $c_1 = \cos \theta_1$. Alors:

$$\theta_1 = \pi/2 \Longleftrightarrow c_1 = 0 \Longleftrightarrow U^* Q \text{ est singulière}$$
$$\Longleftrightarrow \exists u \in \mathbf{C}^m \quad \text{tel que} \quad u \neq 0 \quad \text{et} \quad U^* Q u = 0$$
$$\Longleftrightarrow \exists x \in \mathbf{C}^n \quad \text{tel que} \quad x \neq 0 \quad \text{et} \quad x \in M \cap N^\perp.$$

On remarquera que le vecteur u représente les coordonnées de x dans la base Q de M.

1.2.6 Soit $X = (X_1, X_2)$, $Y = (Y_1, Y_2)$ des bases orthonormales de $\mathbf{C}^n$ telles que X_1 est une base de M et Y_1 est une base de N :

$$X_1 \in \mathbf{C}^{n \times r}, \quad Y_1 \in \mathbf{C}^{n \times r}, \quad X_1^* X_1 = Y_1^* Y_1 = I_r \text{ avec } r \leq \frac{n}{2}.$$

Soit

$$W = X^* Y = \begin{pmatrix} X_1^* \\ X_2^* \end{pmatrix} (Y_1 Y_2) = \begin{pmatrix} X_1^* Y_1 & X_1^* Y_2 \\ X_2^* Y_1 & X_2^* Y_2 \end{pmatrix} = \begin{pmatrix} W_{11} & W_{12} \\ W_{21} & W_{22} \end{pmatrix}.$$

Il existe une matrice unitaire $Z_1 \in \mathbf{C}^{r \times r}$ et une matrice unitaire $V_1 \in \mathbf{C}^{r \times r}$ telles que

$$C = Z_1^* W_{11} V_1 = \mathrm{diag}(c_1, ..., c_r),$$

soit la DVS de W_{11}. Donc, par définition des angles canoniques,

$$0 \leq c_1 \leq c_2 \leq ... \leq c_k < 1 = c_{k+1} = ... = c_r, \text{ avec } k \leq r.$$

On définit

$$C' = \mathrm{diag}(c_1, ..., c_k)$$

et alors

$$C = \begin{pmatrix} C' & 0 \\ 0 & I_{r-k} \end{pmatrix}.$$

La matrice $\begin{pmatrix} W_{11} \\ W_{21} \end{pmatrix} V_1$ a ses colonnes orthonormales donc

$$
\begin{aligned}
I_r &= V_1^* (W_{11}^* W_{21}^*) \begin{pmatrix} W_{11} \\ W_{21} \end{pmatrix} V_1 = V_1 (W_{11}^* W_{11} + W_{21}^* W_{21}) V_1 \\
&= V_1^* W_{11}^* W_{11} V_1 + (W_{21} V_1)^* (W_{21} V_1) \\
&= C^2 + (W_{21} V_1)^* (W_{21} V_1)
\end{aligned}
$$

et ainsi

$$(W_{21} V_1)^* (W_{21} V_1) = \mathrm{diag}(s_1^2, ..., s_k^2, 0, ..., 0)$$

avec

$$s_i \neq 0 \text{ et } s_i^2 + c_i^2 = 1 \quad i = 1, ..., k.$$

Soit $\hat{Z}_2 \in \mathbf{C}^{(n-r) \times (n-r)}$ une matrice unitaire dont les k premières colonnes sont celles de $W_{21} V_1$ normalisées. Alors

$$\hat{Z}_2^* W_{21} V_1 = \begin{pmatrix} S \\ 0 \end{pmatrix}$$

où

$$S = \text{diag}(s_1, ..., s_k, 0, ..., 0) \in \mathbf{C}^{r \times r}.$$

Si $S' = \text{diag}(s_1, ..., s_k)$ alors S' est régulière et

$$S = \begin{pmatrix} S' & 0 \\ 0 & 0 \end{pmatrix}.$$

Nous avons donc

$$\begin{pmatrix} Z_1 & 0 \\ 0 & \hat{Z}_2 \end{pmatrix}^* \begin{pmatrix} W_{11} \\ W_{21} \end{pmatrix} V_1 = \begin{pmatrix} C \\ S \\ 0 \end{pmatrix}.$$

D'une façon analogue on détermine une matrice unitaire $V_2 \in \mathbf{C}^{(n-r) \times (n-r)}$ telle que

$$Z_1^* W_{12} V_2 = (T, 0)$$

où T est une matrice diagonale à éléments non positifs et telle que

$$T^2 + C^2 = I_r.$$

Donc $T = -S$. Soit

$$\hat{Z} = \begin{pmatrix} Z_1 & 0 \\ 0 & \hat{Z}_2 \end{pmatrix} \quad \text{et} \quad V = \begin{pmatrix} V_1 & 0 \\ 0 & V_2 \end{pmatrix}.$$

Alors

$$\hat{Z}^* W V = \begin{pmatrix} C' & 0 & -S' & 0 & 0 \\ 0 & I_{r-k} & 0 & 0 & 0 \\ S' & 0 & X_{33} & X_{34} & X_{35} \\ 0 & 0 & X_{43} & X_{44} & X_{45} \\ 0 & 0 & X_{53} & X_{54} & X_{55} \end{pmatrix}.$$

Les colonnes de cette matrice sont orthogonales donc $S'X_{34} = 0$ et ainsi $X_{34} = 0$. On en déduit aussi que $X_{35} = 0$, $X_{43} = 0$ et $X_{53} = 0$ et que

$$-C'S' + S'X_{33} = 0$$

d'où $X_{33} = C'$. La matrice

$$\hat{Z}_3 = \begin{pmatrix} X_{44} & X_{45} \\ X_{54} & X_{55} \end{pmatrix} \in \mathbf{C}^{(n-r-k) \times (n-r-k)}$$

est unitaire et

$$\hat{Z}^*WV = \begin{pmatrix} C' & 0 & -S' & 0 \\ 0 & I_{r-k} & 0 & 0 \\ S' & 0 & C' & 0 \\ 0 & 0 & 0 & \hat{Z}_3 \end{pmatrix}$$

$$= \begin{pmatrix} I_k & 0 & 0 & 0 \\ 0 & I_{r-k} & 0 & 0 \\ 0 & 0 & I_k & 0 \\ 0 & 0 & 0 & \hat{Z}_3 \end{pmatrix} \begin{pmatrix} C' & 0 & -S' & 0 \\ 0 & I_{r-k} & 0 & 0 \\ S' & 0 & C' & 0 \\ 0 & 0 & 0 & I_{n-r-k} \end{pmatrix}.$$

Si l'on pose

$$Z_2 = \hat{Z}_2 \begin{pmatrix} I_k & 0 \\ 0 & \hat{Z}_3 \end{pmatrix} \quad \text{et} \quad Z = \begin{pmatrix} Z_1 & 0 \\ 0 & Z_2 \end{pmatrix}$$

alors

$$Z^*WV = \begin{pmatrix} C & -S & 0 \\ S & C & 0 \\ 0 & 0 & I_{n-2r} \end{pmatrix}.$$

Finalement,

$$Q = X_1 Z_1 \text{ est une base orthonormale de } M,$$
$$\underline{Q} = X_2 Z_2 \text{ est une base orthonormale de } M^\perp,$$
$$U = Y_1 V_1 \text{ est une base orthonormale de } N,$$
$$\underline{U} = Y_2 V_2 \text{ est une base orthonormale de } N^\perp$$

et

$$[Q\underline{Q}]^* [U\underline{U}] = \begin{pmatrix} C & -S & 0 \\ S & C & 0 \\ 0 & 0 & I_{n-2r} \end{pmatrix}.$$

Puisque l'on a

$$Q^* U = C,$$
$$\underline{Q}^* \underline{U} = \begin{pmatrix} C & 0 \\ 0 & I_{n-2r} \end{pmatrix}$$

on conclut que pour le calcul des angles canoniques entre deux sous-espaces de dimension commune supérieure à $\frac{n}{2}$ il suffit de calculer les angles canoniques entre les complémentaires orthogonaux.

1.6.5 Supposons que toutes les valeurs propres de $A : \lambda_1, ..., \lambda_n$, sont distinctes. On pose

$$D = \text{diag}(\lambda_1, ..., \lambda_n).$$

Soit Q unitaire telle que $Q^* A Q = D + N_1$ soit une forme de Schur de A.
Soit $U = (u_{ij})$ unitaire telle que $(QU)^* A(QU) = D + N_2$ soit une autre
forme de Schur de A.
Les matrices $N_1 = (n_{ij}^{(1)})$ et $N_2 = (n_{ij}^{(2)})$ sont triangulaires supérieures
strictes. Nous avons donc

$$UD + UN_2 = DU + N_1 U$$

d'où

$$\lambda_j u_{ij} + \sum_{k=1}^{j-1} u_{ik} n_{kj}^{(2)} = \lambda_i u_{ij} + \sum_{k=i+1}^{n} n_{ik}^{(1)} u_{kj}$$

où $\sum_{k=1}^{0} = \sum_{k=n+1}^{n} = 0$.
On fixe $j = 1$ et $i = n$ et l'on trouve $u_{n1} = 0$.

Supposons que pour un $k > 2$ on aie

$$i \in \{k, k+1, ..., n-1, n\} \quad \Longrightarrow \quad u_{i1} = 0$$

alors on trouve $u_{k-1,1} = 0$.
Ceci montre que

$$u_{i1} = 0 \text{ pour } i = 2, 3, ..., n.$$

Maintenant supposons que, pour $j = 1, 2, ..., l$ on ait, pour un $k > j + 1$,

$$i \in \{k, k+1, ..., n-1, n\} \quad \Longrightarrow \quad u_{ij} = 0.$$

Alors on en déduit que $u_{k-1,j} = 0$ et ceci montre que

$$u_{ij} = 0 \text{ pour } j = 1, 2, ..., n-1 \text{ et } i = j+1, ..., n.$$

On laisse au lecteur le soin de vérifier que s'il y a des valeurs propres répétées
alors on trouvera des blocs sur la diagonale de U.

1.6.16 Soit $P = (p_{ij})$ définie par

$$p_{ij} = \begin{cases} 1 & \text{si } i + j = n + 1 \\ 0 & \text{sinon} \end{cases}$$

Alors

$$P^{-1} = P = P^*$$

et

$$J^* = P^* J P.$$

1.6.19 Soit X une base de vecteurs propres de A et Q une base de Schur:

$$A = XDX^{-1},$$

$$Q^* AQ = D + N,$$

D étant la diagonale des valeurs propres et N triangulaire supérieure stricte. Alors

$$\|N\|_F^2 = \|A\|_F^2 - \|D\|_F^2$$

et

$$\|A\|_F \leq \|X\|_2 \|X^{-1}\|_2 \|D\|_F.$$

Donc

$$\text{cond}_2(X) \geq (1 + \frac{\|N\|_F^2}{\|A\|_F^2})^{1/2}.$$

D'autre part,

$$\|A^* A\|_F \leq \|X^{-1}\|_2^2 \|D^* X^* XD\|_F$$
$$= \|X^{-1}\|_2^2 \|X\|_2^2 \|DD^*\|_F.$$

Mais

$$\|DD^*\|_F = \|D^* D\|_F = \|D^2\|_F \leq \|A^2\|_F$$

donc

$$\text{cond}_2^2(X) \geq \frac{\|A^* A\|_F}{\|A^2\|_F}$$

De plus,

$$\|A^* A - AA^*\|_F^2 = 2(\|A^* A\|_F^2 - \|A^2\|_F^2)$$

d'où

$$\text{cond}_2^4(X) \geq 1 + \frac{1}{2} \frac{\nu^2(A)}{\|A^2\|_F^2}.$$

1.6.20 Soit Q une base de Schur:

$$Q^* AQ = R = D + N$$

où D est diagonale et N triangulaire supérieure stricte. On définit

$$\Gamma = R^* R - RR^* = (\gamma_{ij})$$

et l'on démontre par récurrence sur la taille de A que

$$\|N\|_F^2 \leq \sum_{j=2}^{n} (j - 1)\gamma_{jj}.$$

Puisque $\sum_{i=1}^{n} \gamma_{ii} = 0$ on conclut que

$$\|N\|_F^2 \leq \frac{1-n}{2}\gamma_{11} + \frac{3-n}{2}\gamma_{22} + ... + \frac{n-1}{2}\gamma_{nn}$$

et par l'inégalité de Cauchy-Schwarz

$$\|N\|_F^4 \leq [(\frac{1-n}{2})^2 + (\frac{3-n}{2})^2 + ... + (\frac{n-1}{2})^2][\gamma_{11}^2 + \gamma_{22}^2 + ... + \gamma_{nn}^2]$$

$$= \frac{n^3 - n}{12} \sum_{j=1}^{n} \gamma_{jj}^2.$$

Mais

$$A^* A - AA^* = Q\Gamma Q^*$$

donc

$$\sum_{j=1}^{n} \gamma_{jj}^2 \leq \|\Gamma\|_F^2 = \nu^2(A)$$

et ainsi

$$\|N\|_F^2 \leq \sqrt{\frac{n^3 - n}{12}}\nu(A).$$

Si $D \neq \lambda I$ alors $\|D\|_F \neq 0$ et le nombre

$$s = \max_{1 \leq i,j \leq d} |\lambda_i - \lambda_j|$$

est positif, où les λ_i sont les valeurs propres distinctes de A.

Soit

$$a = \frac{\|D\|_F}{\|A\|_F} \quad b = \frac{\nu(A)}{\sqrt{2}\|A\|_F^2} \quad c = \frac{s}{\sqrt{2}\|D\|_F}.$$

On montre facilement que

$$b - 1 + a^2 \leq \sqrt{2}\, c\, a\sqrt{1 - a^2}.$$

Si $b - 1 + a^2 < 0$ alors $b^2/3 \leq b < 1 - a^2$ et l'on obtient l'inégalité recherchée.
Si $b - 1 + a^2 \geq 0$ alors

$$(1 + 2c^2)a^4 - 2(1 - b + c^2)a^2 + (b^2 - 2b + 1) \leq 0$$

donc

$$a^2 \leq \frac{1}{(1 + 2c^2)}(a - b + c^2 + c(c^2 + 2b - 2b^2)^{1/2}).$$

Mais

$$(c^2 + 2b - 2b^2)^{1/2} = c(1 - \frac{2b^2}{c^2} + \frac{2b}{c^2})^{1/2} \leq c(1 - \frac{b^2}{c^2} + \frac{b}{c^2})$$

donc

$$a^2 \leq 1 - \frac{b^2}{1 + 2c^2}.$$

Comme $c^2 \leq 1$ alors $a^2 \leq 1 - b^2/3$, c'est-à-dire,

$$\frac{\nu^2(A)}{6\|A\|_F^2} \leq \|N\|_F^2.$$

1.8.1 Soit $X \in \mathbf{C}^{n \times m}$ de rang $r < m$. Il existe donc une matrice de permutation Π telle que la DVS de $X\Pi$ s'écrive

$$V^* X\Pi U = \begin{pmatrix} \Sigma & 0 \\ 0 & 0 \end{pmatrix}$$

où V est une matrice unitaire de taille n, U est une matrice unitaire de taille m et Σ est une matrice diagonale régulière de taille r. On peut écrire

$$U = \begin{pmatrix} U_{11} & U_{12} \\ U_{21} & U_{22} \end{pmatrix}$$

où U_{11} est de taille r et alors

$$X\Pi = V \begin{pmatrix} \Sigma U_{11}^* & 0 \\ 0 & 0 \end{pmatrix}.$$

Soit

$$\Sigma U_{11}^* = \tilde{Q}_{11} R_{11}$$

la factorisation de Schmidt de la matrice régulière ΣU_{11}^*. Ici $\tilde{Q}_{11}$ est unitaire et R_{11} est triangulaire supérieure, toutes deux de taille r. Alors

$$X\Pi = V \begin{pmatrix} \tilde{Q}_{11} & 0 \\ 0 & I \end{pmatrix} \begin{pmatrix} R_{11} & 0 \\ 0 & 0 \end{pmatrix} = QR$$

où

$$Q = V \begin{pmatrix} \tilde{Q}_{11} & 0 \\ 0 & I \end{pmatrix} \text{ et } R = \begin{pmatrix} R_{11} & 0 \\ 0 & 0 \end{pmatrix}.$$

Q est unitaire et R est triangulaire supérieure.

1.9.1 Soit $C = A + B$ avec A et B hermitiennes et B semi-définie positive. Pour tout $u \in \mathbf{C}^n$ tel que $\|u\|_2 = 1$ on a

$$u^* B u \geq 0 \text{ et } u^* C u = u^* A u + u^* B u \geq u^* A u.$$

Si l'on prend $\max\limits_{\|u\|_2=1}$ à gauche alors

$$\rho(C) \geq u^* A u.$$

On conclut que

$$\rho(C) \geq \rho(A).$$

1.9.2 Soit $C = A - B$ où A et B sont hermitiennes. On considère les spectres ordonnés en décroissant. Alors

$$\lambda_i(A) = \min_{v_1,\ldots,v_{i-1}} \; \max_{\substack{\|u\|_2=1 \\ u^* v_j = 0 \\ j=1,\ldots,i-1}} u^* A u$$

et

$$u^* A u = u^* B u + u^* C u.$$

Or

$$\lambda_1(C) = \max_{\|u\|_2=1} u^* C u,$$

$$\lambda_n(C) = \min_{\|u\|_2=1} u^* C u = - \max_{\|u\|_2=1} (-u^* C u).$$

Si $\|u\|_2 = 1$ alors

$$u^* B u + \lambda_n(C) \leq u^* A u \leq u^* B u + \lambda_1(C).$$

Maintenant on prend $\max\limits_{\substack{\|u\|_2=1 \\ u^* v_j = 0 \\ j=1,\ldots,i-1}}$ et puis $\min\limits_{v_1,\ldots,v_{i-1}}$ et l'on trouve

$$\lambda_n(C) + \lambda_i(B) \leq \lambda_i(A) \leq \lambda_i(B) + \lambda_1(C).$$

Donc

$$|\lambda_i(A) - \lambda_i(B)| \leq \|C\|_2.$$

Si C est semi-définie positive alors $\lambda_n(C) \geq 0$ et

$$\lambda_i(A) \geq \lambda_i(B).$$

1.9.3 Soit A normale, D diagonale, N triangulaire supérieure stricte et Q unitaire, telles que

$$Q^* A Q = D + N.$$

Alors

$$N^* N = N N^*$$

et si

$$N = (n_{ij})$$

alors

$$i \leq j \Longrightarrow n_{ij} = 0$$

et

$$\forall i,j \quad \sum_{k=1}^{n} \bar{n}_{ki} n_{kj} = \sum_{k=1}^{n} n_{ik} \bar{n}_{jk}.$$

Si l'on pose $i = j = 1$ on en déduit $n_{k1} = 0 \quad \forall k$.
Supposons que pour $i = j \leq l$ on ait $n_{kj} = 0 \quad \forall k$.
Alors on conclut $n_{k,l+1} = 0$.
Donc $N = 0$ et A admet une matrice unitaire de vecteurs propres. Ceci implique que toutes les projections spectrales sont orthogonales et que A est diagonalisable. Néanmoins, une matrice normale non-hermitienne peut avoir des valeurs propres complexes. Par exemple, toute matrice diagonale qui a un élément diagonal imaginaire non nul est normale.

1.9.4 D'après l'exercice 1.9.3 on a

$$Q^* A Q = D \text{ et } Q^* A^* Q = D^*$$

donc Q est aussi une matrice de vecteurs propres de A^*. Alors

$$A^* A Q = A^* Q D = Q D^* D$$

d'où

$$A^* A = Q(D^* D)Q^*,$$
$$\rho(A^* A) = \rho(D^* D),$$
$$\|A\|_2^2 = \rho(A)^2.$$

1.9.5 On considère les spectres ordonnés en croissant.
On part de la caractérisation

$$\lambda_j(A) = \min_{\dim S = j} \max_{u \in S} \frac{u^* A u}{u^* u}.$$

Alors

$$\lambda_j(A) = -\lambda_{n-j+1}(-A)$$

$$= \max_{\dim S = n-j+1} \min_{u \in S} \frac{u^* A u}{u^* u}$$

$$= \max_{\dim S^\perp = j-1} \min_{u \perp S^\perp} \frac{u^* A u}{u^* u}$$

$$= \max_{\dim S = j-1} \min_{u \perp S} \frac{u^* A u}{u^* u}.$$

1.9.6 Soient A et B deux matrices hermitiennes. Alors, puisque

$$\rho(T) \le \|T\|_2 \qquad \forall T \in \mathbf{C}^{n \times n}$$

on conclut que

$$C = A - B + \|A - B\|_2 I$$

est semi-définie positive. Soit

$$A' = A + \|A - B\|_2 I.$$

Alors

$$A' = B + C$$

et l'on applique l'exercice 1.9.2 pour déduire l'existence d'une numérotation des valeurs propres de A' et de B telle que

$$\lambda_i(B) \le \lambda_i(A').$$

Puisque

$$\lambda_i(A') = \lambda_i(A) + \|A - B\|_2$$

alors

$$\lambda_i(B) \le \lambda_i(A) + \|A - B\|_2.$$

2.2.3 D'abord on constate le fait suivant: Si

$$J = (x_{\alpha\beta})$$

est une matrice carrée telle que

$$x_{\alpha\beta} = \begin{cases} \lambda & \text{si } \alpha = \beta \\ 1 & \text{si } \beta = \alpha + 1 \\ 0 & \text{sinon} \end{cases}$$

alors

i) J est régulière ssi $\lambda \neq 0$.

ii) Si $\lambda \neq 0$ et $J^{-1} = (y_{\alpha\beta})$ alors

$$y_{\alpha\beta} = \begin{cases} 0 & \text{si } \alpha > \beta \\ \dfrac{(-1)^{\beta-\alpha}}{\lambda^{\beta-\alpha+1}} & \text{si } \alpha \leq \beta. \end{cases}$$

D'autre part, soit V la base de Jordan de $A : V = (X_1, ..., X_d)$. Si $V^{-*} = (X_{*1}, ..., X_{*d})$ alors

$$P_j = X_j X^*_{*j}$$

est la projection spectrale de A associée à la valeur propre λ_j. Si $z \in \text{sp}(A)$ alors P_j est aussi la projection spectrale de $(A - zI)^{-1}$ associée à la valeur propre $(\lambda_j - z)^{-1}$. On conclut que si

$$A = \sum_{j=1}^{d} (\lambda_j P_j + D_j)$$

est la décomposition spectrale de A alors celle de $(A - zI)^{-1}$ est

$$(A - zI)^{-1} = \sum_{j=1}^{d} \left(\frac{1}{\lambda_j - z} P_j + D'_j(z) \right)$$

où

$$D'_j(z) = \sum_{\alpha=1}^{\ell_j - 1} \frac{(-D_j)^{\alpha}}{(\lambda_j - z)^{\alpha+1}}$$

ℓ_j étant le plus petit entier tel que

$$D_j^{\ell_j} = 0.$$

Finalement, si Γ_i est une courbe de Jordan isolant λ_i du reste du spectre de A alors

$$\int_{\Gamma_i} \frac{dz}{\lambda_j - z} = \begin{cases} -2\pi i & \text{si } j = i \\ 0 & \text{si } j \neq i \end{cases}$$

$$\int_{\Gamma_i} \frac{dz}{(\lambda_j - z)^{k+1}} = 0 \qquad j = 1, 2, ..., d; \quad k > 0.$$

Donc

$$-\frac{1}{2\pi i} \int_{\Gamma_i} (A - zI)^{-1} dz = P_i = X_i X^*_{*i}.$$

2.3.1 Le système

$$\begin{pmatrix} A - \lambda I \\ X_*^* \end{pmatrix} x = \begin{pmatrix} b \\ 0 \end{pmatrix}$$

a n inconnues, $n + r$ équations et rang n. Si l'on utilise la méthode de Gauss avec pivotage partiel alors on aboutit à un système de la forme

$$\begin{pmatrix} T \\ 0 \end{pmatrix} x = \begin{pmatrix} c \\ 0 \end{pmatrix}$$

où T est triangulaire supérieure de taille n. La matrice T est obtenue par prémultiplication alternée de matrices de permutation et de matrices élémentaires de Gauss.

Si, au lieu de ces dernières on utilise les matrices de Householder (exercice 1.8.5) alors on aboutit à la factorisation de Schmidt.

La structure finale est de même forme.

2.3.2 Il est trivial que des matrices diagonalisables qui ont même spectre sont semblables. Des matrices défectives sont semblables si et seulement si elles admettent la même structure de spectre (valeurs propres de mêmes multiplicités algébrique et géométrique et de même indice). C'est-à-dire, si et seulement si elles admettent la même forme de Jordan.

2.3.3 On montre que λ n'est pas valeur propre de $(I - \Pi)A$: Si λ était une valeur propre de $(I - \Pi)A$ alors on aurait

$$(I - \Pi)Au = \lambda u$$

pour un certain $u \neq 0$. Si $\lambda \neq 0$ alors

$$0 = \Pi(I - \Pi)Au = \lambda \Pi u \implies \Pi u = 0$$

d'où

$$u = (I - \Pi)u \neq 0$$

et

$$(I - \Pi)A(I - \Pi)u = \lambda u$$

c'est-à-dire, λ est une valeur propre de $(I - \Pi)A(I - \Pi)$ ce qui n'est pas possible car λ n'est pas valeur propre de $\bar{B}$. On en déduit que la solution unique est

$$z = \Sigma b.$$

2.3.6 On tiendra compte des identités

$$(I - \Pi)(I - \Pi^\perp) = I - \Pi,$$
$$(I - \Pi^\perp)(I - \Pi) = I - \Pi^\perp$$

pour établir l'égalité

$$\Sigma(\Pi^\perp) = (I - \Pi^\perp)\Sigma(\Pi)$$

d'où l'on déduit les inégalités

$$\|\Sigma(\Pi^\perp)\|_2 \leq \|\Sigma(\Pi)\|_2,$$
$$\|\Sigma(\Pi^\perp)\|_F \leq \|\Sigma(\Pi)\|_F.$$

2.4.3 On considère l'équation de Sylvester

$$(I - P)AX - XB = R$$

pour une matrice $R \in \mathbf{R}^{n \times 2}$ donnée. B, de taille 2×2 est la compression de Rayleigh correspondant à la projection spectrale P qui est associée à une valeur propre $\lambda \neq 0$ double. Soit $V = (V_1 \quad V_2)$ la base de Jordan de B. Alors la forme de Jordan de B est

$$J = V^{-1}BV = \begin{pmatrix} \lambda & \alpha \\ 0 & \lambda \end{pmatrix}$$

où $\alpha = 0$ si λ est semi-simple et $\alpha = 1$ si λ est défective. On fait maintenant le changement d'inconnue

$$Y = (Y_1 \quad Y_2) = XV$$

et la nouvelle équation est

$$(I - P)AY - YJ = RV.$$

On calcule aisément

$$Y_1 = SRV_1,$$
$$Y_2 = SRV_2 + \alpha SY_1$$
$$= SRV_2 + \alpha S^2 RV_1.$$

C'est-à-dire, les résolvantes réduite S et réduite par bloc $\mathbf{S}$ vérifient la relation

$$\mathbf{S}R = X = YV^{-1} = SR + \alpha S^2 R(0 \quad V_1)V^{-1}.$$

Donc, $\mathbf{S}R = SR$ si λ est semi-simple (c'est-à-dire $\alpha = 0$).

2.6.1 D'après le lemme 2.6.2,

$$A'(x_k - x_{k-1}) = b - Ax_{k-1} \quad \Longleftrightarrow \quad A'(x_k - x') = (A' - A)x_{k-1}.$$

Donc, x_k converge vers $x = A^{-1}b$ si et seulement si $\rho(A'^{-1}(A' - A)) < 1$, en arithmétique exacte. Pourquoi le calcul de $b - Ax_k$ peut-il poser un problème en arithmétique à précision finie ?

Vérifier qu'en arithmétique à trois chiffres décimaux, la résolution de

$$\begin{pmatrix} 0.986 & 0.579 \\ 0.409 & 0.237 \end{pmatrix} \begin{pmatrix} u \\ v \end{pmatrix} = \begin{pmatrix} 0.235 \\ 0.107 \end{pmatrix}$$

fournit les itérés

$$\begin{pmatrix} 2.11 \\ -3.17 \end{pmatrix}, \begin{pmatrix} 1.99 \\ -2.99 \end{pmatrix}, \begin{pmatrix} 2.00 \\ -3.00 \end{pmatrix}, \cdots$$

La solution exacte est $\begin{pmatrix} 2 \\ -3 \end{pmatrix}$.

2.10.1 D'après l'hypothèse (H2) il existe $r_1 \in]0, r[$ tel que

$$\|x - x^*\| < r_1 \implies \|F'(x) - F'(x^*)\| < \|F'(x^*)^{-1}\|^{-1}$$

d'où $F'(x)$ est régulière pour tout x tel que $\|x - x^*\| < r_1$.

Or, l'application $x \mapsto F'(x)^{-1}$ est continue au voisinage de x^* donc il existe $r_2 \in]0, r_1[$ et $\mu > 0$ tels que

$$\|x - x^*\| < r_2 \implies \|F'(x)^{-1}\| \leq \mu.$$

Finalement, il existe $\rho \in]0, r_2[$ tel que

$$\|x - x^*\| < \rho \text{ et } \|y - x^*\| < \rho \implies \|F'(x) - F'(y)\| < \frac{1}{2\mu}.$$

On définit

$$x_k(t) = x^* + t(x_k - x^*) \qquad 0 \leq t \leq 1$$

et l'on a

$$F(x_k) = \int_0^1 F'(x_k(t))(x_k - x^*)dt.$$

Supposons que $\|x_k - x^*\| < \rho$ (ce qui est vrai pour $k = 0$). Alors

$$x_{k+1} - x^* = -F'(x_k)^{-1} \int_0^1 (F'(x_k(t)) - F'(x_k))(x_k - x^*)dt$$

et

$$\|x_{k+1} - x^*\| \leq \frac{1}{2}\|x_k - x^*\|.$$

Ceci montre, d'une part, que x_{k+1} vérifie

$$\|x_{k+1} - x^*\| < \rho$$

et d'autre part, que

$$\lim_{k \to \infty} x_k = x^*.$$

Or, en faisant une majoration plus fine:

$$\|x_{k+1} - x^*\| \leq \|x_k - x^*\| \mu \sup_{0 \leq t \leq 1} \|F'(x_k(t)) - F'(x_k)\|,$$

et comme

$$\lim_{k \to \infty} \sup_{0 \leq t \leq 1} \|F'(x_k(t)) - F'(x_k)\| = 0,$$

on conclut à la convergence superlinéaire.

2.10.2 D'après (H3) on a

$$\sup_{0 \leq t \leq 1} \|F'(x_k(t)) - F'(x_k)\| \leq \ell \|x_k - x^*\|^p$$

d'où, en reprennant l'exercice 2.10.1:

$$\|x_{k+1} - x^*\| \leq \ell \mu \|x_k - x^*\|^{1+p}.$$

Si la matrice jacobienne est lipschitzienne alors $p = 1$ et la convergence est quadratique.

2.11.2 Soit $s > 0$ une borne uniforme de $\|\mathbf{J}'^{-1}\|_2$ par rapport à la perturbation H. Soient

$$\rho = \|H\|_2,$$
$$\alpha = s(1 + \|Y\|_2),$$
$$\beta = s^2 \|Y^* A\|_2,$$
$$\eta = \alpha \rho,$$
$$\epsilon = \beta \rho,$$
$$\pi_1 = s\rho.$$

On a évidemment,

$$\|V_1\|_2 \leq \pi_1.$$

Si l'on suppose

$$\|V_k\|_2 \leq \pi_k = \pi_1(1 + x_k)$$

alors

$$\|V_{k+1}\|_2 \leq \pi_1(1 + (1 + x_k)(\eta + \epsilon(1 + x_k))).$$

On définit

$$x_1 = 0$$

$$x_{k+1} = \epsilon x_k^2 + (\eta + 2\epsilon)x_k + \eta + \epsilon \qquad k \geq 1$$

et l'on a

$$\|V_{k+1}\|_2 \leq \pi_1(1 + x_{k+1}).$$

On définit alors

$$\pi_{k+1} = \pi_1(1 + x_{k+1}).$$

On démontre facilement l'inégalité

$$\alpha + 2\beta > 2\sqrt{\beta(\alpha + \beta)}.$$

On en déduit que pour

$$0 < \rho < \min\{\frac{1}{\alpha + \beta}, \frac{\alpha + 2\beta - 2\sqrt{\beta(\alpha + \beta)}}{\alpha^2}\}$$

la suite x_k converge de façon monotone croissante vers

$$x^* = \frac{1 - \eta - 2\epsilon - \sqrt{(1 - \eta)^2 - 4\epsilon}}{2\epsilon}$$

et que la suite π_k converge de la même façon vers

$$\pi^* = \pi_1(1 + x^*).$$

Or, l'opérateur

$$\mathbf{G}' : V \mapsto V_1 + \mathbf{J}'^{-1}(VY^*AV + HV - VY^*HX')$$

vérifie

$$\|\mathbf{G}'(V) - \mathbf{G}'(V')\|_2 \leq \kappa\|V - V'\|_2$$

avec

$$\kappa = (2\epsilon(1 + x^*) + \eta) = 1 - \sqrt{(1 - \eta)^2 - 4\epsilon} < 1.$$

$\mathbf{G}'$ est donc contractante dans la boule fermée

$$B = \{V \; : \; \|V\|_2 \leq \pi^*\}$$

qui est invariante par cet opérateur.

2.11.4 On a l'identité

$$x_{k+1} - x^* = -T^{-1}\int_0^1 (F'(x_k(t)) - T)(x_k - x^*)dt$$

où

$$x_k(t) = x^* + t(x_k - x^*) \qquad 0 \leq t \leq 1.$$

Donc, si $\|x_k - x^*\| < \rho$ alors

$$\|x_{k+1} - x^*\| \leq \gamma \|T^{-1}\| \|x_k - x^*\|$$

avec

$$0 < \gamma \|T^{-1}\| < 1.$$

2.11.6   Pour $x \in \bar{\Omega}_\rho = \{x \in B \;:\; \|x - x_0\| \leq \rho\}$ on définit les opérateurs

$$G(x) = x - F'(x_0)^{-1} F(x),$$
$$L(x) = F(x) - F(x_0) - F'(x_0)(x - x_0),$$

On montre facilement les inégalités

$$\|L(x) - L(x_0)\| \leq \ell\rho\|x - x_0\| \leq \rho^2,$$
$$\|G(x) - x_0\| \leq m\ell\rho^2 + c = \rho,$$
$$\|G'(x)\| \leq m\ell\rho = \gamma,$$
$$\|G(x) - G(y)\| \leq \gamma\|x - y\|,$$

pour $x,\ y \in \bar{\Omega}_\rho$. La suite est laissée au lecteur qui devra appliquer le Théorème du Point Fixe à l'opérateur G.

2.12.2   On considère le système

$$(1) \qquad\qquad\qquad Ax = b$$

et une matrice régulière B telle que

$$\mathrm{cond}_2(BA) << \mathrm{cond}_2(A).$$

Alors le système équivalent:

$$BAx = Bb$$

est mieux conditionné: B est un *préconditionnement* pour la résolution de (1).
Si $\rho(I - RA) << 1$, où R est un opérateur inverse approché (exercice 2.6.1), alors on peut démontrer que

$$\mathrm{cond}(RA) << \mathrm{cond}(A)$$

et l'on peut choisir $B = R$. Ainsi, B apparaît comme un inverse approché de A.

$$x_0 = Bb$$

peut être considéré comme point de départ d'un processus de raffinement

$$x_{k+1} = x_k - B(Ax_k - b).$$

2.12.3 On considère le système

$$Ax = b$$

où A correspond à une discrétisation d'un opérateur linéaire en dimension infinie. On associe A à un pas h qui caractérise la discrétisation. La taille de A est une fonction $n(h)$ que l'on suppose décroissante en h. Soit h' un pas plus grossier:

$$h' >> h$$

et

$$A'x' = b'$$

le système, d'ordre $n(h') << n(h)$, associé. Notons

$$N = n(h),$$
$$m = n(h').$$

Supposons qu'il existe

$$r \in \mathbf{C}^{m \times N} \quad \text{et} \quad p \in \mathbf{C}^{N \times m}$$

telles que

$$rp = I_m,$$
$$A' = rAp$$

et que A' est régulière. Alors on peut prendre

$$R = pA'^{-1}rK^\nu$$

comme inverse approché, K étant un opérateur tel que

$$\rho(I - RA) << 1$$

pour ν suffisamment grand.

Souvent K est choisi égal à la matrice d'itération de Jacobi, Gauss-Seidel ou de Relaxation (voir [B:9,27]).

3.3.1 Si $J = V^{-1}AV$ alors $J^k = V^{-1}A^kV$. On en déduit que

$$e^A = V e^J V^{-1}.$$

Le résultat découle de l'identité

$$e^{J(t+h)} - e^{Jt} = (e^{Jh} - I)e^{Jt} = hJe^{Jt}(I + O(h)).$$

Le calcul des éléments de e^{Jt} découle de l'exercice 3.1.6.

3.4.8 On a les relations

$$W = B^{1/2}UB^{-1/2},$$
$$\hat{W} = R_B X A X^T R_B^T,$$
$$U = X A X^T B,$$
$$B = R_B^T R_B,$$

d'où on obtient

$$W = (B^{1/2}R_B^{-1})\hat{W}(B^{1/2}R_B^{-1})^{-1}.$$

Les vecteurs propres vérifient

$$u_i = R_B^{-1}\hat{w}_i,$$
$$v_i = \frac{1}{\sqrt{\lambda_i}}R_A^{-1}\hat{E}\hat{w}_i.$$

3.5.6 Les dérivées de u sont

$$u'(t) = \lambda e^{\lambda t}\varphi \quad \text{et} \quad u''(t) = \lambda^2 e^{\lambda t}\varphi$$

donc

$$(\lambda^2 M + \lambda B + K)\varphi = 0 \quad \text{si} \quad Mu'' + Bu' + Ku = 0.$$

3.7.3 Le résultat suit directement:

$$T\pi_n\tilde{\varphi} = T\pi_n(T\varphi_n) = T(\pi_n T\pi_n)\varphi_n = T(\lambda_n\varphi_n) = \lambda_n T\varphi_n = \lambda_n\tilde{\varphi}_n.$$

4.1.1 Soit u tel que $\|u\|_2 = 1$ et

$$\|A^{-1}u\|_2 = \max_{\substack{x \in \mathbb{C}^n \\ \|x\|_2 = 1}} \|A^{-1}x\|_2 = \|A^{-1}\|_2.$$

Soit

$$v = \frac{1}{\|A^{-1}\|_2} A^{-1}u \text{ et } \Delta A = -\frac{1}{\|A^{-1}\|_2} uv^*.$$

Alors $\|v\|_2 = 1$, ΔA est de rang 1 et

$$(A + \Delta A)v = 0.$$

Donc $A + \Delta A$ est singulière.
D'autre part,

$$\|\Delta A\| \leq \frac{1}{\|A^{-1}\|_2} = \frac{\|A\|_2}{\mathrm{cond}_2(A)}.$$

4.2.1 Soit $(Q, \underline{Q})$ une base orthonormale de $\mathbf{C}^n$ où Q est une base de M. Soit

$$B = Q^* AQ, \text{ avec } \mathrm{sp}(B) = \{\lambda\}$$

et

$$\underline{B} = \underline{Q}^* A\underline{Q} \text{ avec } \mathrm{sp}(\underline{B}) = \mathrm{sp}(A) \setminus \{\lambda\}.$$

Soit

$$\delta = \min_{\mu \in \mathrm{sp}(\underline{B})} |\mu - \lambda|.$$

Donc

$$\delta^{-1} = \max_{\mu \in \mathrm{sp}(\underline{B})} \frac{1}{|\mu - \lambda|} = \rho((\underline{B} - \lambda I)^{-1}) \leq \|(\underline{B} - \lambda I)^{-1}\|_2.$$

Si

$$\Sigma^\perp = \underline{Q}(\underline{B} - \lambda I)^{-1}\underline{Q}^*$$

alors

$$\|\Sigma^\perp\|_2 \leq \|(\underline{B} - \lambda I)^{-1}\|_2.$$

Mais

$$(\underline{B} - \lambda I)^{-1} = \underline{Q}^* \Sigma^\perp \underline{Q}$$

donc

$$\|(\underline{B} - \lambda I)^{-1}\|_2 \leq \|\Sigma^\perp\|_2$$

d'où

$$\|\Sigma^\perp\|_2 = \|(\underline{B} - \lambda I)^{-1}\|_2.$$

Soit

$$\underline{\lambda} \in \mathrm{sp}(\underline{B}) \text{ tel que } \delta = |\underline{\lambda} - \lambda|$$

et soit

$$J = \underline{V}^{-1}\underline{B}\,\underline{V}$$

la forme de Jordan de $\underline{B}$.
Alors

$$(\underline{B} - \lambda I)^{-1} = \underline{V}(\underline{J} - \lambda I)^{-1}\underline{V}^{-1}$$

donc

$$\|(\underline{B} - \lambda I)^{-1}\|_2 \leq \text{cond}_2(\underline{V})\|(\underline{J} - \lambda I)^{-1}\|_2.$$

Soit ℓ l'indice de $\underline{\lambda}$ et $\underline{J}(\underline{\lambda})$ le bloc de Jordan $\ell \times \ell$ correspondant. Alors

$$\|(\underline{J}(\underline{\lambda}) - \lambda I)^{-1}\|_F = \delta^{-\ell}\sqrt{1 + 2\delta^2 + \ldots + \ell\delta^{2(\ell-1)}} \leq 2\delta^{-\ell}$$

pour δ assez petit. Or

$$\|(\underline{J} - \lambda I)^{-1}\|_2 = \max_{\underline{J}_{ij}}\|(\underline{J}_{ij} - \lambda I)^{-1}\|_2$$

$$\leq \max_{\underline{J}_{ij}}\|(\underline{J}_{ij} - \lambda I)^{-1}\|_F,$$

où les $\underline{J}_{ij}$ sont les différents blocs de Jordan de $\underline{J}$.
Pour δ assez petit le dernier maximum est réalisé par $\underline{J}_{ij} = \underline{J}(\underline{\lambda})$, d'où le résultat

$$\delta^{-1} \leq \|(\underline{B} - \lambda I)^{-1}\|_2 = \|\Sigma^\perp\|_2 \leq 2\text{cond}_2(\underline{V})\delta^{-\ell}.$$

4.2.2 Cette démonstration suit l'article [B:1]. La fonction

$$P(\epsilon) = -\frac{1}{2\pi i}\int_\Gamma (A(\epsilon) - zI)^{-1}dz$$

est analytique pour

$$|\epsilon| < \min_{z \in \Gamma}\rho(R(z)H)^{-1}$$

où

$$R(z) = (A - zI)^{-1}$$

et Γ est une courbe de Jordan isolant λ. Donc

$$\lim_{\epsilon \to 0}\|P(\epsilon) - P\|_2 = 0$$

et

$$x(\epsilon) = P(\epsilon)\phi$$

peut être normalisé de la façon suivante

$$\phi(\epsilon) = (\phi_*^* x(\epsilon))^{-1}x(\epsilon)$$

où

$$A^*\phi_* = \phi_*\theta^* \quad \text{avec} \quad \phi_*^*\phi = I_m.$$

En effet, pour ϵ assez petit, $\phi_*^* x(\epsilon) \neq 0$ car

$$\lim_{\epsilon \to 0} |\phi_*^* x(\epsilon) - 1| = 0.$$

Alors

$$\theta(\epsilon) = \phi_*^* A\phi(\epsilon)$$

et l'on démontre que

$$\frac{d\theta}{d\epsilon}\Big|_{\epsilon=0} = \phi_*^* H\phi$$

d'où

$$\|\theta(\epsilon) - \theta\|_2 \leq \|\phi_*\|_2 |\epsilon| + O(\epsilon^2).$$

Ainsi on a démontré ii).
L'inégalité i) se démontre comme suit. Puisque

$$QNQ^* = V\eta V^{-1}$$

alors

$$N^k = Q^* V\eta^k V^{-1} Q.$$

Mais $\mathrm{sp}(\eta^* \eta) \subseteq \{0,1\}$ donc

$$\|N^k\|_2 \leq \mathrm{cond}_2(V) \qquad \forall k \geq 0.$$

L'inégalité iii) est une conséquence de l'identité

$$(\lambda(\epsilon)I_m - \theta)^{-1}(\lambda(\epsilon)I_m - \theta(\epsilon)) = I_m - (\lambda(\epsilon)I_m - \theta)^{-1}(\theta(\epsilon) - \theta)$$

car $\lambda(\epsilon)I_m - \theta(\epsilon)$ est singulière.
L'inégalité iv) est une conséquence de (cf [B:1,24])

$$1 \leq \frac{\ell\,\mathrm{cond}_2(V)\|\theta(\epsilon) - \theta\|_2}{|\lambda(\epsilon) - \lambda|} \max\{1, \frac{1}{|\lambda(\epsilon) - \lambda|^{\ell-1}}\}.$$

4.2.3 On calcule

$$B = \Delta^{-1} A\Delta = \begin{pmatrix} 1 & 1 \\ 0 & 0 \end{pmatrix}.$$

Les défauts de normalité sont

$$\nu(A) = \|A^* A - AA^*\|_F = 10^4 \sqrt{2(1 + 10^8)} > \sqrt{2} \cdot 10^8,$$
$$\nu(B) = \|B^* B - BB^*\|_F = 2.$$

Les bases de vecteurs propres sont respectivement

$$X(A) = \begin{pmatrix} 1 & -1 \\ 0 & 10^{-4} \end{pmatrix},$$

$$X(B) = \begin{pmatrix} 1 & -1 \\ 0 & 1 \end{pmatrix},$$

d'où

$$\|X(A)\|_2 > \sqrt{2},$$

$$\|X(A)^{-1}\|_2 > \sqrt{2} \cdot 10^4,$$

$$\|X(B)\|_2^2 = \frac{3+\sqrt{5}}{2},$$

$$\|X(B)^{-1}\|_2^2 = \frac{3+\sqrt{5}}{2},$$

donc

$$\operatorname{cond}_2(X(A)) > 2 \cdot 10^4,$$

$$\operatorname{cond}_2(X(B)) = \frac{3+\sqrt{5}}{2} < 2.62.$$

4.2.6 Rappelons qu'une fonction f définie sur un ouvert non vide Ω d'un espace vectoriel normé $(E, \|\cdot\|_E)$ et à valeurs dans un espace vectoriel normé $(F, \|\cdot\|_F)$ est

Lipschitzienne si et seulement si

$$\exists \kappa \geq 0: \quad \forall x, y \in \Omega \quad \|f(x) - f(y)\|_F \leq \kappa \|x - y\|_E,$$

Hölder-continue d'ordre p si et seulement si

$$\exists \kappa \geq 0: \quad \forall x, y \in \Omega \quad \|f(x) - f(y)\|_F \leq \kappa \|x - y\|_E^p.$$

Si l'on prend Ω comme un voisinage de 0_E et l'on fixe $x = 0_E$ dans les définitions ci-dessus alors on obtient les notions ponctuelles correspondantes. D'après la borne établie à l'exercice 4.2.2, partie iv), la fonction $\epsilon \mapsto \lambda(\epsilon)$ définie dans un voisinage ouvert de $\epsilon = 0$ est ponctuellement lipschitzienne en 0 lorsque la valeur propre est semi-simple (car $\ell = 1$) et Hölder-continue en 0 lorsque la valeur propre est défective, l'ordre p de cette continuité étant égal à $1/\ell$.

4.2.7 La quantité ϵ dans l'exercice 4.2.2 mesure l'erreur absolue de $A(\epsilon)$ en tant qu'approximation de A. Donc l'erreur relative de $A(\epsilon)$ est donnée par

$$\epsilon_R = \frac{\epsilon}{\|A\|_2}.$$

D'autre part, pour toute valeur propre $\lambda \neq 0$ d'une matrice régulière A on a

$$0 < \frac{1}{|\lambda|} \leq \|A^{-1}\|_2.$$

Alors, si λ est semi-simple ($\ell = 1$ et $V = I_m$), on a

$$\frac{|\lambda(\epsilon) - \lambda|}{|\lambda|} \leq \text{cond}_2(A)\|P\|_2 \varepsilon_R + O(\varepsilon^2).$$

On laisse au lecteur l'étude du cas défectif.

4.2.11 Soit le bloc de valeurs propres

$$\sigma = \{\lambda, \mu\}.$$

Une matrice triangulaire supérieure

$$T = \begin{pmatrix} \lambda & \nu \\ 0 & \mu \end{pmatrix}$$

vérifie

$$TT^* - T^*T = |\nu|^2 \begin{pmatrix} 1 & (\bar{\mu} - \bar{\lambda})/\bar{\nu} \\ (\mu - \lambda)/\nu & -1 \end{pmatrix}.$$

Si $\lambda = \mu$ est une valeur propre double défective de la matrice A alors la forme de Jordan de la compression de Rayleigh B associée au sous-espace invariant correspondant est

$$J = V^{-1}BV = \begin{pmatrix} \lambda & 1 \\ 0 & \lambda \end{pmatrix}.$$

Soit $V = QR$ la factorisation de Schmidt de la base de Jordan V. Posons

$$R = \begin{pmatrix} a & c \\ 0 & b \end{pmatrix}$$

d'où

$$R^{-1} = \frac{1}{ab} \begin{pmatrix} b & -c \\ 0 & a \end{pmatrix}.$$

Alors, la forme de Schur de B est donnée par

$$T = Q^*BQ = RJR^{-1} = \begin{pmatrix} \lambda & a/b \\ 0 & \lambda \end{pmatrix}.$$

On voit bien que si b est petit (vecteurs de Jordan presque dépendants) alors $\text{cond}_2(R)$ est grand et le défaut de normalité de T, égal à $|a/b|^2$, l'est aussi.

4.3.1 Si l'on a l'inégalité

$$0 < \epsilon < \gamma < \frac{1}{c(\Gamma)}$$

alors

$$\forall z \in \Gamma \quad \rho(R(z)H) \leq \|R(z)\|_2 \|H\|_2 < 1$$

et la série

$$R'(z) = (I + R(z)H)^{-1} R(z) = \left(\sum_{n=0}^{\infty} (-1)^n [R(z)H]^n \right) R(z)$$

est uniformément convergente. En outre on a

$$\|R'(z)\|_2 \leq \|R(z)\|_2 \sum_{n=0}^{\infty} (c(\Gamma)\epsilon)^n < c(\Gamma) \sum_{n=0}^{\infty} (c(\Gamma)\gamma)^n$$

d'où

$$\max_{z \in \Gamma} \|R'(z)\|_2 \leq \frac{c(\Gamma)}{1 - \gamma c(\Gamma)}.$$

4.3.2 On suppose $\|A - A'\|_2 < 1$. Alors, pour tout indice ℓ d'une valeur propre de A ou de A' on a $\ell \leq n$ donc

$$\|A - A'\|_2^{1/\ell} \leq \|A - A'\|_2^{1/n}$$

et ainsi

$$\text{dist}(\text{sp}(A), \text{sp}(A')) \leq c \|A - A'\|_2^{1/n}.$$

4.4.1 Si $\|\Delta A\|_2$ est assez petit alors l'exercice 4.2.2 montre que

$$|\lambda - \lambda'| < 1$$

d'où

$$(1 + |\lambda - \lambda'|)^{(\ell-1)/\ell} \leq 2.$$

4.4.3 Soit R la partie triangulaire de A :

$$A = R - H$$

où $\epsilon = \|H\|_1$ est petit. Alors B^{-1} existe et Σ est bien défini, dès qu'il n'y a pas deux éléments diagonaux égaux à a_{ii}. Alors

$$\Sigma^k = (I - Q)B^{-k}(I - Q).$$

Soit

$$R_i = [(I - Q)(R - a_{ii}I)]|_{\{e_i\}^\perp} : \{e_i\}^\perp \to \{e_i\}^\perp,$$

$$H_i = [(I - Q)H]|_{\{e_i\}^\perp} : \{e_i\}^\perp \to \{e_i\}^\perp,$$

$$s_1 = \|R_i^{-1}\|_1 \text{ et } \epsilon_1 = \|H_i\|_1.$$

On suppose ϵ assez petit pour que

$$\epsilon_1 s_1 < 1.$$

On définit

$$a = \frac{3s_1}{2(1 - \epsilon_1 s_1)}$$

et l'on vérifie la condition désirée pour ϵ assez petit (cf [B:12]).

4.5.1 Il suffit d'appliquer le théorème 4.5.1 (page 121 Volume de Cours) à la matrice $\tilde{A} = D^{-1}AD$ où

$$D = \text{diag}(d_1, ..., d_n).$$

4.5.2 Si l'on pose, dans l'exercice 4.5.1,

$$d_1 = 0.25 \text{ et } d_2 = d_3 = 10^{-4}$$

on obtient

$$|\lambda - 1| \leq 4 \cdot 10^{-8}, \quad |\lambda - 2| \leq 0.2501 \quad \text{et} \quad |\lambda - 3| \leq 10^{-4}.$$

Ces trois disques sont deux à deux disjoints donc chacun d'eux contient une et une seule valeur propre de A, d'après le Corollaire 4.5.2 (page 121 Volume Cours). Si l'on prend

$$d_1 = 10^{-4}, \ d_2 = 0.5 \text{ et } d_3 = 10^{-4}$$

alors on localise une valeur propre λ de A par

$$|\lambda - 2| \leq 4 \cdot 10^{-8}.$$

Et, finalement, si l'on prend

$$d_1 = d_2 = 10^{-4} \text{ et } d_3 = 0.25$$

alors on localise une valeur propre λ de A par

$$|\lambda - 3| \leq 4 \cdot 10^{-8}.$$

4.6.1 On pose

$$T = \begin{pmatrix} A \\ B \end{pmatrix} \text{ et } \tilde{T} = \begin{pmatrix} A & B^* \\ B & W \end{pmatrix}.$$

On montre facilement que pour toute matrice W on a

$$\|T\|_2 \leq \|\tilde{T}\|_2.$$

Soit $\rho > \|T\|_2$. Alors $\rho > \|A\|_2$ et la matrice $\rho^2 I - A^2$ est hermitienne définie positive. Il existe donc

$$K = B(\rho^2 I - A^2)^{-1} \text{ et } W = -KAB^*.$$

On montrera qu'avec cette matrice W on a $\|\tilde{T}\|_2 < \rho$ et pour ce faire on démontrera que la matrice hermitienne $\rho^2 I - \tilde{T}^2$ est définie positive. Puisque

$$\begin{pmatrix} I & 0 \\ KA & I \end{pmatrix} (\rho^2 I - \tilde{T}^2) \begin{pmatrix} I & AK^* \\ 0 & I \end{pmatrix} = \begin{pmatrix} \rho^2 I - T^*T & 0 \\ 0 & \rho^2 M \end{pmatrix}$$

et

$$\begin{pmatrix} I & 0 \\ KA & I \end{pmatrix} (\rho^2 I - TT^*) \begin{pmatrix} I & AK^* \\ 0 & I \end{pmatrix} = \begin{pmatrix} \rho^2 I - A^2 & 0 \\ 0 & \rho^2 M \end{pmatrix}$$

où

$$M = I - K(\rho^2 I - A^2)K,$$

alors il suffit d'établir que la matrice hermitienne $\rho^2 I - TT^*$ est définie positive. Mais il en est ainsi car les valeurs propres non nulles de T^*T et de TT^* sont les mêmes et $\rho^2 I - T^*T$ est définie positive d'après le choix de ρ. Alors M est définie positive et $\rho^2 I - \tilde{T}^2$ l'est aussi. Donc

$$\|\tilde{T}\|_2 < \rho.$$

Maintenant on fait tendre ρ vers $\|T\|_2$ et puisque W est une fonction rationnelle de ρ, $\tilde{T}$ l'est aussi et, cette dernière étant bornée, elle doit avoir une limite lorsque $\rho \to \|T\|_2$ (par la droite).

4.6.5 Soient U et Q deux bases orthonormales d'un même sous-espace $S = \text{lin} Q$ de dimension m. Alors il existe B unitaire telle que

$$U = QB.$$

On montre que

$$\|AU - UU^* AU\|_2 = \|AQ - QQ^* AQ\|_2.$$

D'après le Lemme 4.6.6 (page 128 Volume de Cours) on a maintenant

$$\|AQ - QQ^* AQ\|_2 = \min_{\substack{\text{lin} U = S \\ U^* U = I_m \\ Z \in \mathbf{C}^{m \times m}}} \|AU - UZ\|_2.$$

Soit $V \in \mathbf{C}^{m \times m}$ une base orthonormale de vecteurs propres de $Q^* AQ$. Alors

$$V \Delta V^* = Q^* AQ$$

où Δ est la matrice diagonale des valeurs propres de $Q^* AQ$. On en déduit que

$$\min_{U, Z} \|AU - UZ\| = \|AQ - QV \Delta V^*\|_2$$

$$= \|(AQV - QV \Delta)V^*\|_2$$

$$= \|A(QV) - (QV)\Delta\|_2.$$

Nous remarquons que Δ est la diagonale des valeurs de Ritz et que QV représente les vecteurs associés.

4.6.13 On considère d'abord la norme spectrale. On sait que $\|B' - \overset{\circ}{C}\|_2$ ou $-\|B' - \overset{\circ}{C}\|_2$ est une valeur propre de la matrice hermitienne $B' - \overset{\circ}{C}$. Soit donc v, tel que $\|v\|_2 = 1$, vérifiant

$$(B' - \overset{\circ}{C})v = \varepsilon \|B' - \overset{\circ}{C}\|_2 v$$

où ε est soit 1 soit -1. Alors

$$v^* (B'D - D\overset{\circ}{C})v = \varepsilon \|B' - \overset{\circ}{C}\|_2 v^* Dv + v^* (B'D - DB')v.$$

Or, $\varepsilon \|B' - \overset{\circ}{C}\|_2 v^* Dv$ est un nombre réel et $v^* (B'D - DB')v$ est un nombre imaginaire pur. On en déduit que

$$\|B'D - D\overset{\circ}{C}\|_2 \geq |v^* (B'D - D\overset{\circ}{C})v| \geq \|B' - \overset{\circ}{C}\|_2 v^* Dv.$$

Mais $v^* D v \geq \sigma_{\min}(U) = \sigma$ d'où

$$\| B'D - D \overset{\circ}{C} \|_2 \geq \sigma \| B' - \overset{\circ}{C} \|_2.$$

L'inégalité concernant la norme de Frobenius se démontre ainsi:
Supposons i, j tels que $\sigma_i > \sigma_j$ et posons

$$\mu = \sigma_i / \sigma_j,$$
$$b = \text{coefficient } (i,j) \text{ de } B',$$
$$c = \text{coefficient } (i,j) \text{ de } \overset{\circ}{C}.$$

Alors on a

$$(|b - \mu c|^2 + |b\mu - c|^2)(\sigma_j / \sigma)^2 \geq (|c|^2 + |b|^2)(1 + \mu^2) - 2\mu(\bar{b}c + b\bar{c})$$
$$= 2|b - c|^2 + (\mu^2 - 1)(|b|^2 + |c|^2 - \frac{2(\bar{b}c + b\bar{c})}{\mu + 1}) \geq 2|b - c|^2$$

d'où l'inégalité recherchée.

5.1.1 Soit $H = (h_{ij}) \in \mathbf{C}^{n \times n}$ une matrice de Hessenberg irréductible. Soit $\lambda \in \mathbf{C}$. Puisque $h_{i+1,i} \neq 0$ pour $i = 1, 2, ..., n-1$ alors les $n-1$ premières colonnes de $H - \lambda I$ sont linéairement indépendantes. Donc

$$\dim \text{Im}(H - \lambda I) \geq n - 1$$

et par conséquent

$$\dim \text{Ker}(H - \lambda I) \leq 1.$$

D'autre part, si $\lambda \in \text{sp}(H)$ alors

$$\dim \text{Ker}(H - \lambda I) \geq 1.$$

On conclut:

i) Toutes les valeurs propres d'une matrice de Hessenberg irréductible ont une multiplicité géométrique égale à 1.

ii) Toutes les valeurs propres d'une matrice de Hessenberg irréductible diagonalisable sont, nécessairement, simples. C'est le cas, par exemple, d'une matrice tridiagonale symétrique irréductible.

5.3.1 Etant donné un vecteur propre ϕ associé à $\lambda_1 = \mu_1$ et la suite q_k, il existe une suite de nombres complexes α_k telle que

$$\lim_{k \to \infty} \alpha_k q_k = \phi.$$

Mais

$$\omega(\operatorname{lin}\phi, \operatorname{lin}q_k) = O(\|\alpha_k q_k - \phi\|_2) = O(|\frac{\mu_2}{\mu_1}|^k).$$

Si l'on suppose $\|q_k\|_2 = \|\phi\|_2 = 1$ alors on peut choisir les α_k tels que $|\alpha_k| = 1$ et ainsi

$$q_k^* A q_k = (\alpha_k q_k)^* A(\alpha_k q_k) \qquad \forall k \geq 0.$$

Mais $\phi^* A\phi = \lambda_1$ donc

$$\begin{aligned}
|q_k^* A q_k - \lambda_1| &= |(\alpha_k q_k)^* A(\alpha_k q_k) - \phi^* A\phi| \\
&\leq |[(\alpha_k q_k)^* - \phi^*]A\phi| + |(\alpha_k q_k)^* A(\alpha_k q_k - \phi)| \\
&\leq 2\|A\|_2 \|\alpha_k q_k - \phi\|_2 = O(|\frac{\mu_2}{\mu_1}|^k).
\end{aligned}$$

5.5.6 Si l'on prend $r = n$ et $U = I_n$ dans (5.2.1) et si l'on emploie le même algorithme pour la factorisation de Schmidt alors la base Q_k construite dans (5.2.1) et la base $\mathcal{Q}_k$ de l'algorithme QR de base coincident car

$$A^k = \mathcal{Q}_k \mathcal{R}_k = Q_k R_k.$$

5.6.1 Soit H une matrice de Hessenberg. Pour effectuer la factorisation QR on utilisera une suite de matrices G_k de rotation dans le plan $(k, k+1)$ dont l'angle est choisi pour annuler l'élément en position $(k+1, k)$:

$$\begin{aligned}
H &= QR, \\
Q^* &= G_{n-1} \cdot G_{n-2} \cdots G_1, \\
R &= G_{n-1} \cdots G_2 G_1 H.
\end{aligned}$$

Si l'on définit

$$\begin{aligned}
K_1 &= R, \\
K_{k+1} &= K_k G_k^*
\end{aligned}$$

alors

$$K_n = RQ.$$

Puisque K_{k+1} se déduit de K_k par des combinaisons linéaires des colonnes k et $k+1$ ceci crée dans la partie triangulaire inférieure un seul nouvel élément non nul: celui en position $(k+1, k)$. Donc RQ est une matrice de Hessenberg.

La même raisonnement montre que Q est une matrice de Hessenberg dont le coefficient en position $(k+1, k)$ est $\sin\theta_k$ (θ_k étant l'angle de rotation de

G_k). Donc Q est irréductible.

Si l'on pose $Q = (q_{ij})$, $R = (r_{ij})$ alors le coefficient de RQ en position $(i, i - 1)$ est $r_{ii}q_{i,i-1}$. Ceci montre que si H est régulière alors RQ est irréductible, car tous les éléments diagonaux de R seront non nuls.

On conclut que si H est bande alors RQ est aussi bande. En particulier, si H est hermitienne, donc tridiagonale, alors toutes les matrices générées par QR seront tridiagonales hermitiennes.

5.7.1 La démonstration suit l'article [B:60].

i) Soit $V_1 \in \mathbf{C}^{n \times m}$ une base orthonormale de S et soit V_2 tel que $V = (V_1, V_2)$ est unitaire. Soit $U_2 \in \mathbf{C}^{n \times (n-m)}$ dont les colonnes sont orthonormales et appartiennent au sous-espace $(A(S) + B(S))^\perp$ (dont la dimension est $\geq n - m$). Finalement, soit U_1 tel que $U = (U_1, U_2)$ est unitaire. Alors

$$A_{21} = B_{21} = 0.$$

ii) On calcule $U'^* U'$ en tenant compte des relations d'orthonormalité:

$$U_1^* U_1 = I, \quad U_2^* U_2 = I, \quad U_2^* U_1 = 0, \quad U_1^* U_2 = 0$$

et l'on trouve

$$U'^* U' = I.$$

Et il en est de même pour V'.

iii) Par exemple $U_2'^* A V_1' = 0$ équivaut à

$$(I + XX^*)^{-1/2}(U_2^* - XU_1^*)A(V_1 + V_2 Y)(I + Y^* Y)^{-1/2} = 0$$

ce qui équivaut à

$$(U_2^* - XU_1^*)A(V_1 + V_2 Y) = 0$$

ou bien

$$A_{21} + A_{22}Y - XA_{11} - XA_{12}Y = 0.$$

iv) On va construire une suite (X_i, Y_i) convergeant vers (X, Y). On définit par récurrence: (X_0, Y_0) comme étant la solution de

$$A_{22}Y_0 - X_0 A_{11} = -A_{21}$$

$$B_{22}Y_0 - X_0 B_{11} = -B_{21}$$

et étant donné (X_i, Y_i) on définit (X_{i+1}, Y_{i+1}) par

$$A_{22}(Y_{i+1} - Y_0) - (X_{i+1} - X_0)A_{11} = X_i A_{12} Y_i$$
$$B_{22}(Y_{i+1} - Y_0) + (X_{i+1} - X_0)B_{11} = X_i B_{12} Y_i.$$

Alors

$$\max\{\|X_0\|_F, \|Y_0\|_F\} \leq \frac{\gamma}{\delta}.$$

Si

$$\rho_0 = \frac{\gamma}{\delta} \quad \text{et} \quad \rho_{i+1} = \rho_0 + \frac{\nu \rho_i^2}{\delta}$$

alors

$$\max\{\|X_{i+1}\|_F, \|Y_{i+1}\|_F\} \leq \rho_{i+1}.$$

Si l'on définit

$$k_1 = \frac{\nu \gamma}{\delta^2},$$

$$k_{i+1} = k_1 (1 + k_i)^2,$$

alors

$$\rho_i = \rho_0 (1 + k_i)$$

et

$$k_i < \lim_{i \to \infty} k_i = \frac{2k_1}{1 - 2k_1 + \sqrt{1 - 4k_1}} < 1.$$

D'autre part si $\rho = \lim_{i \to \infty} \rho_i$ alors

$$\max\{\|X_{i+1} - X_i\|_F, \|Y_{i+1} - Y_i\|_F\} \leq \frac{2\nu\rho}{\delta} \max\{\|X_i - X_{i-1}\|_F, \|Y_i - Y_{i-1}\|_F\}$$

d'où la convergence.

L'affirmation relative aux spectres est laissée au lecteur.

v) Il suffit d'appliquer la partie iv) au problème

$$(A + E)x = \lambda(B + F)x, \qquad x \neq 0.$$

On démontrera la propriété

$$\text{dif}(A_{11} + E_{11}, B_{11} + F_{11}; A_{22} + E_{22}, B_2 + F_{22}) \geq$$
$$\text{dif}(A_{11}, B_{11}; A_{22}, B_{22}) - \max\{\|E_{11}\|_2 + \|E_{22}\|_2, \|F_{11}\|_2 + \|F_{22}\|_2\}.$$

5.9.1 On suppose B de taille r et A de taille n. Soit $\underline{J}$ la forme de Jordan de $\underline{B}$ et $\underline{V}$ la base correspondante:

$$\underline{J} = \underline{V}^{-1} \underline{B} \, \underline{V} \quad \text{de taille } m = n - r.$$

Soit

$$\underline{s} = \text{sp}(\underline{B}) = \text{sp}(A) \setminus \{\lambda\},$$

et

$$\delta^{-1} = \max_{\mu \in \underline{s}} \frac{1}{|\lambda - \mu|}.$$

D'aprés la Proposition 1.12.1 (page 46 Volume de Cours)

$$\|((\underline{B}, B)^{-1}\|_F \geq \delta^{-1}.$$

Or

$$\|(\underline{B} - \lambda I)^{-1}\|_2 \leq \text{cond}_2(\underline{V})\|(\underline{J} - \lambda I)^{-1}\|_2$$
$$\leq \text{cond}_2(\underline{V})\|(\underline{J} - \lambda I)^{-1}\|_F$$
$$\leq \text{cond}_2(\underline{V})\sqrt{\sum_{j=1}^{m}(m - j + 1)\delta^{-2j}}.$$

Donc, si $\|(\underline{B}, B)^{-1}\|_F$ est modéré, $\|(\underline{B} - \sigma I)^{-1}\|_2$ est modéré pour σ proche de λ.

5.9.2 Soit $A = K^* K$ et $B = \Pi^* \Pi$. Puisque $\|K - \Pi\|_2 = O(\epsilon)$ alors

$$\|A - B\|_2 \leq (1 + \|K\|_2)\|K - \Pi\|_2 = O(\epsilon)$$

d'où

$$|\lambda_i(A) - \lambda_i(B)| = O(\epsilon).$$

Or

$$\lambda_i(A) = \sigma_i(K)^2,$$
$$\lambda_i(B) = \sigma_i(\Pi)^2$$

et il y a $r - 1$ valeurs $\sigma_i(\Pi)$ nulles. Soit

$$I_0 = \{i : \quad \sigma_i(\Pi)\sigma_i(K) = 0\}.$$

Pour $i \in I_0$ on aura

$$|\sigma_i(K) - \sigma_i(\Pi)| = O(\epsilon^{1/2})$$

et pour $i \notin I_0$

$$|\sigma(K) - \sigma_i(\Pi)| = O(\epsilon).$$

Ainsi, pour ϵ assez petit,

$$|\sigma_i(K) - \sigma_i(\Pi)| = O(\epsilon^{1/2})$$

pour tout $i = 1, 2, ..., r$.

5.9.3 De l'inégalité

$$\|F - G\|_F^2 \leq c\eta^{2/\ell}$$

on déduit

$$\|F - G\|_2 \le c'\eta^{1/\ell}$$

et de celle-ci

$$\|F^* F - G^* G\|_2 \le c''\eta^{1/\ell}.$$

Puisque G est de rang g, $G^* G$ a $m - g$ valeurs propres nulles. D'après le Théorème de monotonicité de Weyl (exercice 1.9.1.) on aura

$$\sigma_i^2 = O(\eta^{1/\ell}) \qquad i = 1, 2, ..., m - g$$

où les σ_i^2 $(1 \le i \le m - g)$ sont les plus petites valeurs propres de $F^* F$.

6.1.1 Soit V_ℓ une base orthonormale de G_ℓ. L'application $\Pi_\ell A|_{G_\ell} : G_\ell \to G_\ell$ est représentée dans cette base par la matrice

$$B_\ell = V_\ell^* A V_\ell.$$

Soit $\mu \ne 0$ une valeur propre de B_ℓ. Si x_ℓ est un vecteur propre de B_ℓ associé à μ alors

$$V_\ell V_\ell^* A(V_\ell x_\ell) = V_\ell B_\ell x_\ell = (V_\ell x_\ell)\mu.$$

Or si $\|x_\ell\|_2 = 1$ alors $\|V_\ell x_\ell\|_2 = 1$ donc $V_\ell x_\ell$ est un vecteur propre de $\Pi_\ell A$ et μ est la valeur propre correspondante. Inversement, soit μ une valeur propre de $\Pi_\ell A$ et y_ℓ un vecteur propre associé. Alors

$$\Pi_\ell A y_\ell = y_\ell \mu.$$

Si $\mu \ne 0$ alors

$$y_\ell \in G_\ell, \quad \Pi_\ell y_\ell = y_\ell \text{ et } V_\ell^* y_\ell \ne 0.$$

Donc

$$V_\ell V_\ell^* A V_\ell V_\ell^* y_\ell = V_\ell V_\ell^* y_\ell \mu$$

et

$$(V_\ell^* A V_\ell)(V_\ell^* y_\ell) = (V\ell^* y_\ell)\mu$$

donc

$$x_\ell = V_\ell^* y_\ell$$

est un vecteur propre de B_ℓ et μ est la valeur propre correspondante.

6.2.1 Il est démontré dans [**B:62**] que pour toute matrice carrée B on a

$$\|B^k\|_2 \le \alpha \rho(B)^k k^{L-1}$$

où α ne dépend pas de k (et peut être choisi ≥ 1) et L est la taille du plus grand bloc de Jordan de B. Nous pouvons donc reécrire la borne du lemme 6.2.1 ainsi:

$$\|(I - \pi_\ell)x_i\|_2 \leq \alpha \|x_i - s_i\|_2 \left| \frac{\mu_{r+1}}{\mu_i} \right|$$

lorsque A est une matrice diagonalisable.

En outre, dans le cas général, étant donné $\epsilon > 0$ on détermine l'entier k de façon à ce que

$$0 < \epsilon < \left| \frac{\mu_{r+1}}{\mu_i} \right| (\alpha^{1/\ell} \ell^{(L-1)/\ell} - 1) \quad \forall \ell > k.$$

6.2.3 Soit λ une valeur propre simple choisie parmi les r valeurs dominantes. On suppose (6.2.1) vérifiée ainsi que

$$\dim PS = r.$$

Alors il existe un vecteur propre x associé à λ tel que si

$$\alpha_\ell = \|(I - \Pi_\ell)x\|_2$$

alors, pour ℓ assez grand,

$$\alpha_\ell = O\left(\left| \frac{\mu_{r+1}}{\mu_r} \right| \right)$$
$$|\lambda - \lambda_\ell| \leq c\alpha_\ell$$
$$\|x - x_\ell\|_2 \leq c\alpha_\ell$$

et, si A est hermitienne,

$$|\lambda - \lambda_\ell| \leq c\alpha_\ell^2$$

où c est une constante générique.

6.2.4 Soit $U = (u_1, ..., u_r)$. Par définition

$$S = \lim U \text{ et } \dim S = r.$$

Puisque R_0 est triangulaire supérieure régulière et que Q_0 est unitaire alors $U = Q_0 R_0$ implique $S = \lim Q_0$ c'est-à-dire Q_0 est une base orthonormale de S.

Comme $U_k = AQ_{k-1}$ alors, si Q_{k-1} est un base orthonormale de $A^{k-1}S$ alors U_k est une base de $A^k S$ et si

$$U_k = Q_k R_k$$

avec Q_k unitaire et R_k triangulaire supérieure régulière alors Q_k est une base orthonormale de $A^k S$.

6.2.5 On renvoie le lecteur au Théorème 5.2.3 (pages 136, 137 Volume de Cours) où l'on montre, par récurrence, que Z_k peut être prise sous une forme <u>diagonale</u> et non pas seulement triangulaire.

6.3.1 Si le sous-espace de Krylov K_ℓ dans la méthode de tridiagonalisation de Lanczos est de dimension $< \ell$ alors on trouvera un indice $k < \ell$ tel que

$$\beta_k = 0.$$

La matrice tridiagonale T_ℓ a donc deux blocs.
Comment construit-on le deuxième bloc?

6.3.3 On remarquera d'abord que

$$v_i^* A v_j = \begin{cases} \beta_j & \text{si } i = j - 1 \\ \alpha_j & \text{si } i = j \\ \beta_{j+1} & \text{si } i = j + 1 \\ 0 & \text{autrement.} \end{cases}$$

La méthode de Gram-Schmidt s'écrit

$$y_1 = v_1, \qquad (\|v_1\|_2 = 1),$$

$$y_{k+1} = A^k v_1 - \sum_{j=1}^{k} (\hat{y}_j^* A^k v_1) \hat{y}_j,$$

$$\hat{y}_j = \frac{1}{\|y_j\|_2} y_j.$$

Par construction,

$$y_1 = x_1 = \hat{y}_1 = v_1.$$

Supposons que

$$y_j = \theta_j x_j \quad \text{pour} \quad 1 \leq j \leq k$$

θ_j étant un nombre réel non négatif.
Alors

$$\hat{y}_j = v_j \qquad \text{si } \theta_j \neq 0.$$

D'autre part, pour $j = k$,

$$y_k = \theta_k x_k = A^{k-1} v_1 - \sum_{j=1}^{k-1} (v_j^* A^{k-1} v_1) v_j$$

d'où

$$A^{k-1}v_1 = \theta_{k+1}v_k + \sum_{j=1}^{k-1}(v_j^* A^{k-1}v_1)v_j$$

ayant posé

$$\theta_{k+1} = \theta_k \beta_k$$

qui est réel non négatif.
Alors

$$y_{k+1} = A^k v_1 - \sum_{j=1}^{k}(v_j^* A^k v_1)v_j$$

$$= \theta_{k+1}Av_k + \sum_{i=1}^{k-1}(v_i^* A^{k-1}v_1)Av_i - \theta_{k+1}\sum_{j=1}^{k}(v_j^* Av_k)v_j$$

$$- \sum_{i=1}^{k-1}\sum_{j=i-1}^{i+1}(v_i^* A^{k-1}v_1)(v_j^* Av_i)v_j$$

$$= \theta_{k+1}(Av_k - \alpha_k v_k - \beta_k v_{k-1}) +$$

$$\sum_{i=1}^{k-1}(v_i^* A^{k-1}v_1)(Av_i - \alpha_i v_i - \beta_i v_{i-1} - \beta_{i+1}v_{i+1}).$$

Mais

$$Av_k - \alpha_k v_k - \beta_k v_{k-1} = x_{k+1}$$

et

$$Av_i - \alpha_i v_i - \beta_i v_{i-1} + x_{i+1} = \beta_{i+1}v_{i+1}$$

donc

$$y_{k+1} = \theta_{k+1}x_{k+1}.$$

6.3.6 Il est démontré dans [B:54] que

$$|\lambda - \lambda_\ell| \leq (\lambda - \lambda_{\min})\left(\frac{K_i^{(\ell)}}{T_{\ell-i}(\gamma_i)} \text{tg}\theta(x,u)\right)^2,$$

$$\sin\theta_\ell \leq \alpha_\ell \sqrt{1 + \frac{r_\ell^2}{d_{i,\ell}^2}}.$$

On suppose $\lambda = \lambda_i$ et $\lambda_\ell = \lambda_i^{(\ell)}$ (selon la numérotation en page 168 Volume de Cours).

Les constantes figurant dans ces bornes sont

$$K_i^{(\ell)} = \prod_{j=1}^{i-1} \frac{\lambda_j^{(\ell)} - \lambda_{\min}}{\lambda_j^{(\ell)} - \lambda_i} \qquad \text{si } i \neq 1,$$

$$K_1^{(\ell)} = 1,$$

$$\gamma_i = 1 + 2\frac{\lambda_i - \lambda_{i+1}}{\lambda_{i+1} - \lambda_{\min}},$$

$$r_\ell = \|(I - \pi_\ell)A\pi_\ell\|_2,$$

$$d_{i,\ell} = \min_{j \neq i} |\lambda_i - \lambda_j^{(\ell)}|$$

et T_k est le polynôme de Tchébycheff de première espèce de degré k (page 194 Volume de Cours). La preuve de ces bornes est assez compliquée du point de vue technique. L'inégalité concernant les vecteurs propres se déduit de la majoration

$$\|(\pi_\ell - P_i^{(\ell)})x\|_2 \leq \frac{r_\ell}{d_{i,\ell}}\alpha_\ell,$$

$P_i^{(\ell)}$ étant la projection spectrale de A_ℓ associée à la valeur propre $\lambda_i^{(\ell)}$.

On déduit des bornes précédentes que l'ordre de convergence de $\lambda_i^{(\ell)}$ vers λ_i est τ_i^2 et celui de x_ℓ vers x (les vecteurs propres correspondants) est τ_i où

$$\tau_i = \gamma_i + \sqrt{\gamma_i^2 - 1}.$$

6.3.17 Si j_0 n'existe pas alors $a_{i_0 i_0}$ est une valeur propre de A et le problème se divise en deux. La matrice $H_2^{(1)}$ est donnée par

$$H_2^{(1)} = \begin{pmatrix} a_{i_0 i_0} & a_{i_0 j_0} \\ a_{j_0 i_0} & a_{j_0 j_0} \end{pmatrix}.$$

La matrice $(\lambda I - D)$ est définie positive car

$$v_1^{(1)T} A v_1^{(1)} > a_{ii} \qquad 1 \leq i \leq n.$$

6.3.19 On a les relations suivantes

$$\lambda - \lambda_\ell = x^* A x - \hat{x}_\ell^* A_\ell \hat{x}_\ell$$
$$= x^* A (x - \hat{x}_\ell) + x^*(A - A_\ell)\hat{x}_\ell + (x^* - \hat{x}_\ell^*)A_\ell\hat{x}_\ell,$$

d'où

$$|\lambda - \lambda_\ell| \leq \|A\|_2 (2\|x - \hat{x}_\ell\|_2 + \|(I - \pi_\ell)x\|_2).$$

Le reste de la preuve suit comme précédemment.

6.6.3 W_ℓ et $W_\ell G_\ell^{-*}$ sont deux bases du même sous-espace K_ℓ.
Puisque ces bases vérifient

$$W_\ell G_\ell^{-*} W_\ell = I$$

alors

$$\Pi_\ell = W_\ell G_\ell^{-1} W_\ell^*$$

est la projection orthogonale sur K_ℓ.
Si u (resp. v) est le vecteur des coordonnées de $x \in K_\ell$ (resp. $y \in K_\ell$) dans la base W_ℓ alors

$$x = W_\ell u \text{ et } y = W_\ell v.$$

Donc

$$\mathcal{A}_\ell x = y$$

s'écrit

$$W_\ell G_\ell^{-1} W_\ell^* A W_\ell u = W_\ell v.$$

On multiplie à gauche par $G_\ell^{-1} W_\ell^*$ et l'on obtient

$$G_\ell^{-1} W_\ell^* A W_\ell u = v$$

donc

$$\tilde{H}_\ell = G_\ell^{-1} W_\ell^* A W_\ell = G_\ell^{-1} B_\ell$$

représente l'application $\mathcal{A}_\ell$ dans la base W_ℓ.

6.6.4 On suit l'article [B:55]. Soient $\mu^{(\ell)}$ une valeur propre de $\tilde{H}_\ell$ et $z^{(\ell)}$ un vecteur propre associé. Le vecteur de de Ritz correspondant est

$$\psi^{(\ell)} = W_\ell z^{(\ell)}.$$

De (6.6.3) (page 185 Volume de Cours) on déduit

$$\|(A - \mu^{(\ell)} I)\psi^{(\ell)}\|_2 = \tilde{h}_{\ell+1,\ell} |e_\ell^T z^{(\ell)}|.$$

Il est démontré dans [B:55] que

$$(A - \lambda^{(\ell)} I)\phi^{(\ell)} = e_\ell^T x^{(\ell)} q_\ell,$$
$$(\tilde{H}_\ell - \lambda^{(\ell)} I)x^{(\ell)} = -e_\ell^T x^{(\ell)} r_\ell$$

où $\lambda^{(\ell)}$, $x^{(\ell)}$ sont des éléments propres de $\tilde{H}_\ell$, $\phi^{(\ell)}$ est le vecteur de Ritz associé et

$$q_\ell = \tilde{h}_{\ell+1,\ell}(I - \pi_\ell)w_{\ell+1}.$$

6.6.5 On doit faire les modifications suivantes:
Le vecteur x normalisé par $x_{\ell*}^* x = 1$ dépend de ℓ : Nous le notons $\tilde{x}^{(\ell)}$, et gardons la notation x pour le vecteur colinéaire tel que $\|x\|_2 = 1$. Alors (voir la figure 2):

$$P_\ell \tilde{x}^{(\ell)} = x_\ell \quad \text{et} \quad P_\ell x = x'_\ell.$$

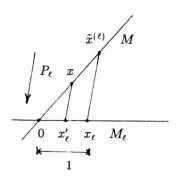

Figure 2

Alors

$$\|(P_\ell - P)x\|_2 = \|x'_\ell - x\|_2 = \|x'_\ell\|_2 \|\tilde{x}^{(\ell)} - x_\ell\|_2.$$

On obtient

$$\lambda = x^*_{\ell*} A\tilde{x}^{(\ell)}$$

$$\lambda - \lambda_\ell = x^*_{\ell*}(I - \pi_\ell)A\tilde{x}^{(\ell)} + x^*_{\ell*}\pi_\ell A(\tilde{x}^{(\ell)} - x_\ell)$$

$$= \frac{1}{\|x'_\ell\|_2}[x^*_{\ell*}(I - \pi_\ell)Ax + x^*_{\ell*}\pi_\ell A(x'_\ell - x)].$$

Donc

$$|\lambda - \lambda_\ell| \le c\left(\max_{1 \le \ell \le n}\frac{\|x_{\ell*}\|_2}{\|x'_\ell\|_2}\right)\alpha_\ell \le c\alpha_\ell.$$

6.7.1 Soit V^1_ℓ une base orthonormale de G^1_ℓ et V^2_ℓ une base orthonormale de G^2_ℓ. Si $\omega(G^1_\ell, G^2_\ell) < 1$ alors l'angle canonique maximal entre G^1_ℓ et G^2_ℓ est inférieur à $\pi/2$ et ainsi la matrice

$$C_\ell = V^{2*}_\ell V^1_\ell$$

est nécessairement régulière.
Alors

$$W^2_\ell = V^2_\ell C^{-*}_\ell$$

est une base de G^2_ℓ qui vérifie

$$W^{2*}_\ell V^1_\ell = I_\nu.$$

On en déduit que

$$\pi' = V^1_\ell W^{2*}_\ell$$

est une projection (pas nécessairement orthogonale) sur G_ℓ^1 le long de $G_\ell^{2\perp}$.

Le problème:

Trouver $x_\ell \in G_\ell^1$ et $\lambda_\ell \in \mathbf{C}$ tels que

$$\pi'(Ax_\ell - \lambda_\ell x_\ell) = 0$$

équivaut à la résolution de

$$V_\ell^1 C_\ell^{-1} A V_\ell^1 C_\ell^{-1} V_\ell^{2*} x = \lambda_\ell V_\ell^1 C_\ell^{-1} V_\ell^{2*} x.$$

Si l'on pose

$$\xi_\ell = C_\ell^{-1} V_\ell^{2*} x,$$

l'équation précédente s'écrit

$$V_\ell^{2*} A V_\ell^1 \xi_\ell = \lambda_\ell V_\ell^{2*} V_\ell^1 \xi_\ell$$

et l'on retrouve l'équation (6.7.1.) (page 186 Volume de Cours).

7.1.1 Soit $\{\phi_1, ..., \phi_k\}$ une base de V. Etant donné $f \in C(S)$ on définit l'application

$$(\alpha_i) \in \mathbf{C}^k \mapsto \|f - \sum_{i=1}^k \alpha_i \phi_i\|_\infty \in \mathbf{R}.$$

On démontre facilement que cette fonction est continue. Elle atteint un minimum sur tout compact de $\mathbf{C}^k$. Pour démontrer l'existence d'une meilleure approximation de f il suffit de considérer le compact

$$K = \{(\alpha_i) \in \mathbf{C}^k : \|\sum_{i=1}^k \alpha_i \phi_i\|_\infty \leq 2\|f\|_\infty\},$$

car si (α_i^*) est la solution optimale alors

$$\|\sum_{i=1}^k \alpha_i^* \phi_i - f\|_\infty \leq \|f\|_\infty.$$

Mais d'autre part,

$$\left| \|\sum_{i=1}^k \alpha_i^* \phi_i\|_\infty - \|f\|_\infty \right| \leq \|\sum_{i=1}^k \alpha_i^* \phi_i - f\|_\infty.$$

7.3.4 D'après l'exercice 7.3.3 on a

$$
\begin{aligned}
T_{k+1}(z) &= \cos((k+1)\operatorname{Arcos} z) \\
&= \cos(k\operatorname{Arcos} z)\cos(\operatorname{Arcos} z) - \sin(k\operatorname{Arcos} z)\sin(\operatorname{Arcos} z), \\
T_{k-1}(z) &= \cos((k-1)\operatorname{Arcos} z) \\
&= \cos(k\operatorname{Arcos} z)\cos(\operatorname{Arcos} z) + \sin(k\operatorname{Arcos} z)\sin(\operatorname{Arcos} z)
\end{aligned}
$$

d'où

$$
T_{k+1}(z) + T_{k-1}(z) = 2z T_k(z).
$$

7.3.5 D'après l'exercice 7.3.3 on a

$$
T_k(z) = \cos(k\operatorname{Arcos} z).
$$

Pour z réel et $\theta = \operatorname{Arcos} z \in [0, \pi]$ on a

$$
T_k(z) = \cos k\theta = 0 \iff \theta \in \{\theta_1, ..., \theta_k\}
$$

où

$$
\theta_j = \frac{2j-1}{2k}\pi.
$$

Donc $T_k(z)$ a k zéros réels

$$
z_j = \cos\theta_j = \cos\left(\frac{2j-1}{k}\right)\frac{\pi}{2} \in [-1,1] \quad j = 1,...,k.
$$

7.3.9 Soit c réel mais $e = ic/10$ imaginaire pur. Pour tout demi-grand axe a tel que $0 < a < c$ on a

$$
\max_{z \in E(c,e,a)} |\hat{t}_2(z)| < \max_{z \in E(c,e,a)} |\hat{t}_3(z)|
$$

où

$$
\hat{t}_k(z) = \frac{T_k\left(\frac{z-c}{e}\right)}{T_k\left(\frac{\lambda-c}{e}\right)}.
$$

7.3.12 Soit $V = \{q \in \mathbf{P}_k : q(\lambda) = 0\}$ et D un compact de $\mathbf{C}$ ne contenant pas λ. D'après l'Exemple 7.1.1 (page 191 Volume de Cours) V vérifie la condition de Haar. D'après l'Exercice 7.1.1 il existe une meilleure approximation q^* de la fonction constante $1 \in C(D)$ dans V :

$$
\|1 - q^*\|_\infty \leq \|1 - q\|_\infty \quad \forall q \in V.
$$

Donc, le polynôme $p^* = 1 - q^*$ qui vérifie

$$\max_{z \in D} |p^*(z)| = \min_{\substack{p \in \mathbf{P}_k \\ p(\lambda) = 1}} \max_{z \in D} |p(z)|$$

existe et il est unique.

7.5.2 On vérifie que pour $|x| \geq 1$

$$T_k(x) = \frac{1}{2}((x + \sqrt{x^2 - 1})^k + (x - \sqrt{x^2 - 1})^k)$$

donc pour k assez grand et $|x| \geq 1$

$$T_k(x) \sim \frac{1}{2}(x + \sqrt{x^2 - 1})^k.$$

Puisque $a/e > 1$ et $(\lambda - c)/e > 1$, avec $\lambda - c = a_1$, on a

$$\frac{T_k(\frac{a}{e})}{T_k(\frac{\lambda - c}{e})} \sim \left(\frac{a + \sqrt{a^2 - e^2}}{(\lambda - c) + \sqrt{(\lambda - c)^2 - e^2}} \right)^k = \left(\frac{\max\limits_{j > 1} |w_j|}{|w_1|} \right)^k.$$

7.8.1 On constate que

$$r_i = A(x - x_i) = Ae_i.$$

i) Puisque $e_n = e_{n-1} - \sum_{i=1}^{n-1} \gamma_i Ae_i$ on déduit par récurrence

$$e_n = P_n(A)e_0.$$

ii) Si X est régulière, D diagonale et

$$A = XDX^{-1}$$

alors

$$P_n(A) = XP_n(D)X^{-1}$$

et

$$P_n(D) = \begin{pmatrix} P_n(\mu_1) & & 0 \\ & \ddots & \\ 0 & & P_n(\mu_n) \end{pmatrix}$$

où les μ_i sont les valeurs propres de A.

iii) Si V est la base de Jordan et J la forme de Jordan de A alors

$$P_n(A) = V P_n(J) V^{-1}.$$

Or

$$P_n(J) = \begin{pmatrix} P_n(J_1) & & 0 \\ & \ddots & \\ 0 & & P_n(J_k) \end{pmatrix}$$

et pour chaque bloc de Jordan

$$J_i = \begin{pmatrix} \lambda_i & 1 & & & 0 \\ & \lambda_i & 1 & & \\ & & \ddots & \ddots & \\ & & & \ddots & 1 \\ 0 & & & & \lambda_i \end{pmatrix},$$

de taille t_i, on a

$$P_n(J_i) = \begin{pmatrix} P_n(\lambda_i) & P_n'(\lambda_i) & \frac{1}{2!} P_n''(\lambda_i) & \cdots & \frac{1}{(t_i-1)!} P_n^{(t_i-1)}(\lambda_i) \\ & P_n(\lambda_i) & & & \vdots \\ & & \ddots & & \\ & & & \ddots & P_n'(\lambda_i) \\ 0 & & & & P_n(\lambda_i) \end{pmatrix}.$$

Donc $\|P_n(A)\|_2 \to 0$ lorsque $n \to \infty$ ssi $|P_n^{(j)}(\lambda_i)| \to 0$ lorsque $n \to \infty$ pour tout $j < t_i$ et tout bloc de Jordan.
Le lecteur vérifiera que pour P_n défini par

$$P_n(\lambda) = \frac{T_n\left(\frac{c-\lambda}{e}\right)}{T_n\left(\frac{c}{e}\right)}$$

on a

$$|P_n(\lambda_i)| \to 0 \quad \Longrightarrow \quad |P_n^{(j)}(\lambda_i)| \to 0 \quad \forall j < t_i.$$

iv) Il suffit de considérer que

$$P_n(\lambda) = \frac{e^{n\cosh^{-1}\left(\frac{c-\lambda}{e}\right)} + e^{-n\cosh^{-1}\left(\frac{c-\lambda}{e}\right)}}{e^{n\cosh^{-1}\left(\frac{c}{e}\right)} + e^{-n\cosh^{-1}\left(\frac{c}{e}\right)}}$$

et la définition logarithmique de $\cosh^{-1}$.

v) L'algorithme proposé suit de la récurrence démontrée à l'exercice 7.3.4.

7.9.1 Soit $U = (u_1, ..., u_j) \in \mathbf{C}^{n \times j}$ une matrice telle que $U^* U = I_j$ vérifiant

$$AU = UR$$

où $R \in \mathbf{C}^{j \times j}$ est triangulaire supérieure. La diagonale de R est supposée constituée des valeurs propres $\lambda_1, ..., \lambda_j$ de A.
Si $\Sigma_j = \mathrm{diag}(\sigma_1, \sigma_2, ..., \sigma_j)$ alors les valeurs propres de

$$A_j = A - U_j \Sigma_j U_j^*$$

sont

$$\mu_i = \begin{cases} \lambda_i - \sigma_i & \text{si } 1 \le i \le j \\ \lambda_i & \text{si } j < i \le n. \end{cases}$$

En effet, si

$$E_j = (e_1, ..., e_j)$$

alors si $R = U^* A U$ est la forme de Schur de A (avec U unitaire) alors

$$A_j U = U(R - E_j \Sigma_j E_j^*)$$

ce qui démontre le résultat.

7.9.2 Nous supposons que l'on dispose d'un algorithme $\mathcal{A}$ de calcul des valeurs propres de plus grande partie réelle et des vecteurs associés (par exemple: Arnoldi, Arnoldi-Tchébycheff, Arnoldi aux moindres carrés, Arnoldi préconditionné, etc).
La déflation progressive consiste à faire:

(1) $j = 0$, $\quad U_0 = (\phi)$, $\quad \Sigma_0 = 0$.

(2) Utiliser $\mathcal{A}$ pour calculer λ_{j+1} de plus grande partie réelle de

$$A_j = A - U_j \Sigma_k j U_j^*$$

et un vecteur propre associé y.
Définir la translation d'origine σ_{j+1} et

$$\Sigma_{j+1} = \mathrm{diag}(\sigma_1, ..., \sigma_j, \sigma_{j+1}).$$

(3) Orthonormaliser y par rapport aux vecteurs $u_1, ..., u_j$ et ainsi obtenir u_{j+1}.

$$U_{j+1} = (U_j, u_{j+1}).$$

(4) Faire $j \leftarrow j + 1$ et aller en (2).
Si l'on veut les p valeurs propres de A de plus grande partie réelle on s'arrêtera à $j = p$, et on calculera $R_p = U_p^* A U_p$.

ANNEXE B

BIBLIOGRAPHIE

[1] AHUES, M (1988)
Spectral Condition Numbers for Defective Eigenelements of Linear Operators in Hilbert Spaces.
Semana de la Matemática, Univ. Católica de Valparaíso, Chile.

[2] AHUES, M. and CELIS, V. (1985)
A Low Cost Algorithm for High Precision Solutions of Sylvester Equations.
Informe Técnico MA-85-B-317, Dept. Matemáticas, Univ. de Chile.

[3] AHUES, M. and TELIAS, M. (1986)
Refinement Methods of Newton Type for Approximate Eigenelements of Integral Operators.
SIAM J. Numer. Anal. 23: 144-159.

[4] ALVIZU, J. (1985)
Métodos de Corrección de Residuo a Dos Mallas para el Cálculo de Valores Propios Múltiples: Caso de un Operador Integral Compacto.
Engineering Thesis. Univ. de Chile.

[5] ATKINSON. K. (1973)
Iterative Variants of the Nyström Method for the Numerical Solution of Integral Equations.
Numer. Math. 22: 17-31.

[6] ATKINSON, K. (1976)
A Survey of Numerical Methods for the Solution of Fredholm Integral Equations of the Second Kind.
SIAM Philadelphia, Pennsylvania.

[7] AUBIN, J.P. (1984)
L'Analyse Non-linéaire et ses Motivations Economiques.
Masson Eds., Paris.

[8] BJÖRCK, A. and GOLUB, G. (1973)
Numerical Methods for Computing Angles Between Linear Subspaces.
Math. Comp. 27: 579-594.

[9] BRANDT, A. (1977)
Multi-Level Adaptive Solutions to Boundary-Value Problems.
Math. Comp. 31: 333-390.

[10] BRINKMANN, H. and KLOTZ, E. (1971)
Linear Algebra and Analytic Geometry.
Addison-Wesley Pub. Co., Massachusetts.

[11] CARTAN, H. (1972)
Calcul Différentiel.
Herman Eds., Paris.

[12] CHATELIN, F. (1983)
Spectral Approximation of Linear Operators.
Academic Press, New York.

[13] CHATELIN, F. (1984)
Iterative Aggregation/Disaggregation Methods.
International Workshop on Applied Mathematics and Performance/
Reliability Models of Computer/Communication Systems.
North Holland, Amsterdam.

[14] CHATELIN, F. (1988)
*Analyse Statistique de la Qualité Numérique et Arithmétique
de la Résolution Approchée d'Equations par Calcul sur Ordinateur.*
Etude F.133 Centre Scientifique de Paris, IBM-France.

[15] CHATELIN, F. and BELAID, D. (1987)
Numerical Analysis for Factorial Data Analysis.
Part I: Numerical Software-The Package INDA for Microcomputers.
Appl. Stoch. Mod. and Data Anal. 3: 193-206.

[16] DAVIDSON, E. (1983)
Matrix Eigenvector Methods.
In: Methods in Computational Molecular Physics.
Diercksen, Wilson Eds. pp. 95-113.
D. Riedel Publishing Co.

[17] DAVIS, Ch. and KAHAN, W. M. (1970)
The Rotation of Eigenvectors by a Perturbation. III
SIAM J. Numer. Anal. 7: 1-46.

[18] DEBREU, G. and HERSTEIN, I.N. (1953)
Nonnegative Square Matrices.
Econometrica. 21: 597-607.

[19] DEMMEL, J. (1987)
Three Methods for Refining Estimates of Invariant Subspaces.
Comp. J. 38: 43-57.

[20] DIAMOUTANI, M. (1986)
De Quelques Méthodes de Calcul de Valeurs Propres de Grandes Matrices.
Thèse de 3 ème Cycle. Institut National Polytechnique de Grenoble, France.

[21] FRÖBERG, C-E. (1985)
Numerical Mathematics. Theory and Computer Applications.
Benjamin/Cummings Pub. Co., California.

[22] GERADIN, M. and CARNOY, E. (1979)
On the Practical Use of Eigenvalue Bracketing in Finite Element Applications to Vibration and Stability Problems.
In: Euromech 112. pp. 151-171.
Hungarian Academy of Sciences, Budapest.

[23] GOLUB, G., NASH, S. and VAN LOAN, C. (1979)
A Hessenberg-Schur Method for the Problem $AX + XB = C$.
IEEE Trans. Autom. Control AC-24: 909-913.

[24] GOLUB, G. and VAN LOAN, C. (1983)
Matrix Computations.
Johns Hopkins University Press, Maryland.

[25] GOLUB, G. and WELSCH, J. (1969)
Calculation of Gauss Quadrature Rules.
Math. Comp. 23: 221-230.

[26] GRAHAM, A. (1981)
Kronecker Products and Matrix Calculus with Applications.
Ellis Hozwood Eds., Chichester.

[27] HACKBUSCH, W. (1981)
On the Convergence of Multigrid Iterations.
Beiträge Numer. Math. 9: 213-239.

[28] HO, D. (1987)
Tchebychev Iteration and its Optimal Ellipse for Nonsymmetric Matrices.
Etude F.125 Centre Scientifique de Paris, IBM-France.

[29] HO, D.; CHATELIN, F. and PATAU, J.C. (1988)
Arnoldi-Tchebychev for Large Scale Matrices and Its Vectorizability.
Actes ACM Conference on Supercomputing ' 88, Saint Malo.

[30] HO, D.; CHATELIN, F. and BENNANI, M. (1988)
Arnoldi-Thebychev Procedure for Large Scale Nonsymmetric Matrices.
(A paraître dans Math. Mod. Numer. Anal.).

[31] HOFFMAN, K. and KUNZE, R. (1971)
Linear Algebra.
Prentice-Hall Inc., Englewood Cliffs, New Jersey.

[32] HOFFMAN, A.J. and WIELANDT, H.W. (1953)
The Variation of the Spectrum of a Normal Matrix.
Duke Math. J. 20: 37-39.

[33] KAHAN, W.M. (1967)
Inclusion Theorems for Clusters of Eigenvalues of Hermitian Matrices.
Computer Science Dept. Univ. of Toronto.

[34] KAHAN, W.M.; PARLETT, B.N. and JIANG, E. (1982)
Residual Bounds on Approximate Eigensystems of Nonnormal Matrices.
SIAM J. Numer. Anal. 19: 470-484.

[35] KATO, T. (1976)
Perturbation Theory for Linear Operators.
Springer-Verlag, Berlin, Heidelberg, New York.

[36] KREWERAS, G. (1972)
Graphes, Chaînes de Markov et Quelques Applications Economiques.
Dalloz Eds., Paris.

[37] LAGANIER, J. (1983)
Croissance Diversifiée de l'Economie Mondiale.
Cours DEUG. Univ. de Grenoble, France.

[38] LANCASTER, P. (1970)
Explicit Solutions of Linear Matrix Equations.
SIAM Review 12: 544-566.

[39] LASCAUX, P. et THEODOR, R. (1986)
Analyse Numérique Matricielle Appliquée à l'Art de l'Ingénieur.
Masson Editeurs, Paris.

[40] MARDONES, V. and TELIAS, M. (1986)
Raffinement d'Eléments Propres Approchés de Grandes Matrices.
In: Innovative Numerical Methods in Engineering.
Shaw, Periaux, Chaudouet, Wu, Marino, Brebbia Eds. pp. 153-158.
Springer-Verlag, Berlin, Heidelberg.

[41] MARKUSHEVICH, A. (1970)
Théorie des Fonctions Analytiques.
Ed. Mir, Moscou.

[42] MATTHIES, H.G. (1985)
Computable Error Bounds for the Generalized Symmetric Eigenproblem.
Comm. Appl. Numer. Meth. 1: 33-38.

[43] MIMINIS, G.S. and PAIGE, C.C. (1982)
An Algorithm for Pole Assignment of Time Invariant Linear Systems.
Int. J. Control. 2: 341-354.

[44] PARLETT, B.N. (1980)
The Symmetric Eigenvalue Problem.
Prentice-Hall, Inc., Englewood Cliffs, New Jersey.

[45] PARLETT, B.N. (1985)
How to Mantain Semi-orthogonality.
In: Problèmes Spectraux. Vol. I: 73-86.
INRIA Eds., France.

[46] PARLETT, B.N. (1985)
$(K - \lambda M)z = 0$, *Singular M, Block Lanczos.*
In: Problèmes Spectraux. Vol. I: 87-98.
INRIA Eds., France.

[47] POTRA, F. and PTAK, V. (1980)
Sharp Error Bounds for Newton's Process.
Numer. Math. 34: 63-72.

[48] RALSTON, A. (1965)
A First Course in Numerical Analysis.
Mc. Graw-Hill Co., New York.

[49] RIVLIN, Th., (1974)
The Chebyshev Polynomials.
John Wiley & Sons, New York.

[50] ROBERT, F. (1974)
Matrices Nonnégatives et Normes Vectorielles.
Cours DEA. Univ. de Grenoble, France.

[51] RODRIGUE, G. (1973)
A Gradient Method for the Matrix Eigenvalue Problem $Ax = \lambda Bx$.
Numer. Math. 22: 1-16.

[52] RUHE, A. (1974)
SOR-Methods for the Eigenvalue Problem with Large Sparse Matrices.
Math. Comp. 28: 695-710.

[53] RUHE, A. (1979)
The Relation between the Jacobi Algorithm and Inverse Iteration and a Jacobi Algorithm Based on Elementary Reflections.
Report UMINF-72.79 Umea University.

[54] SAAD, Y. (1980)
On the Rates of Convergence of the Lanczos and the Block-Lanczos Methods.
SIAM J. Numer. Anal. 17: 687-706.

[55] SAAD, Y. (1980)
Variations on Arnoldi's Method for Computing Eigenelements of Large Unsymmetric Matrices.
Lin. Alg. Appl. 34: 269-295.

[56] SAAD, Y. (1980)
Chebychev Acceleration Techniques for Solving Nonsymmetric Eigenvalue Problems.
Math. Comp. 42: 567-588.

[57] SAAD, Y. (1986)
A Projection Method for Partial Pole Assignment in Linear State Feedback.
Research Report YALEU/DCS/RR-449.

[58] SADKANE, M. (1988)
Convergence de la Méthode de Davidson.
Rapport de Recherche IRISA, Rennes.

[59] SIMON, H. (1984)
The Lanczos Algorithm with Partial Reorthogonalization.
Math. Comp. 42: 115-142.

[60] STEWART, G.W. (1972)
      On the Sensitivity of the Eigenvalue Problem $Ax = \lambda Bx$.
      SIAM J. Numer. Anal. 9: 669-686.

[61] STOER, J. (1983)
      *Solution of Large Linear Systems of Equations by Conjugate Gradient Type
      Methods.*
      In: Mathematical Programming: The State of Art.
      Bachem, Grötschel, Korte Eds. pp. 540-565
      Springer-Verlag, Berlin, Heidelberg, New York, Tokyo.

[62] VARGA, R. (1962)
      Matrix Iterative Analysis.
      Prentice-Hall Inc., New Jersey.

[63] VESENTINI, E. (1968)
      On the Subharmonicity of the Spectral Radius.
      Bollet. Unione Mat. Ital. 4: 427-429.

[64] WATKINS, D. (1982)
      Understanding the QR Algorithm.
      SIAM Review 24: 427-440.

[65] WATKINS, D. (1984)
      Isospectral Flows.
      SIAM Review 26: 379-391.

[66] WEINBERGER, H. (1974)
      Variational Methods for Eigenvalue Approximation.
      SIAM Phyladelphia, Pennsylvania.

[67] WILKINSON, J.H. (1965)
      The Algebraic Eigenvalue Problem.
      Oxford University Press, New Jersey.

[68] WRIGLEY, H.E. (1963)
      *Accelerating the Jacobi Method for Solving Simultaneous Equations
      by Chebyshev Extrapolation when the Eigenvalues of the
      Iteration Are Complex.*
      Comp. J. 6: 169-176.

INDEX

Masson Editeur
120, bd Saint-Germain
75280 Paris Cedex 06
Dépôt légal : juin 1989

Imprimerie Laballery
58500 Clamecy
Dépôt légal : mai 1989
Numéro d'imprimeur : 903095